ANNUAIRE STATISTIQUE

POUR 1838

De l'Europe, l'Asie, l'Afrique, l'Amérique et l'Océanie,

ET CHACUN DES EMPIRES, ROYAUMES, ÉTATS ET COLONIES QUI EN DÉPENDENT ;

Comprenant pour chaque partie et état du monde :

1° LA STATISTIQUE PHYSIQUE ET DESCRIPTIVE,
2° LA STATISTIQUE PRODUCTIVE ET COMMERCIALE,
3° LA STATISTIQUE MORALE ET ADMINISTRATIVE;

SAVOIR : Situation, limites, étendue, nombre d'habitans, villes principales, configuration du pays, montagnes, îles, rivières, lacs, marais, climat, sol, minéralogie, agriculture, industrie, commerce, routes, canaux, population, cultes, instruction publique, mœurs et habitudes, langue, littérature, beaux-arts, gouvernement, finances, justice, armée, marine, places fortes, etc.,

Le tout d'après les documens officiels les plus récens et les recherches des statisticiens des divers pays,

Par MM. C. MOREAU et A. SLOWACZYNSKI.

TOME SECOND.

Asie, Afrique, Amérique, Océanie.

PARIS:

AU BUREAU DE LA SOCIÉTÉ DE STATISTIQUE,
PLACE VENDOME, N° 12 ;
A LA LIBRAIRIE POLONAISE, RUE DES MARAIS-ST GERMAIN, 17 BIS,
ET CHEZ CHAUMEROT, LIBRAIRE, AU PALAIS-ROYAL,
GALERIE D'ORLÉANS, N° 1.

JUIN 1838.

ERRATA.

PAGES	LIGNES	AU LIEU DE	LISEZ
2	18	reçoit	reçoivent
3	4	le lac Tiberi, au Thibet, a	le Thibet, le lac Tiberi,
4	4	le Sinai, 1,241	le Sinaï, 1,230
5	9	Andanam	Andaman
47	2	53	35
48	3	Styrie	Sidre
49	1	Aacunha	Acunha
88	11	enropéennes	européennes

TABLE DES MATIÈRES.

ASIE.

Divisions politiques de l'Asie.

AFRIQUE

Divisions politiques.

AMÉRIQUE.

Divisions politique.

OCÉANIE.

Divisions politiques.

Découvertes et hauteurs.

NOTICE STATISTIQUE
SUR
L'EUROPE, L'ASIE, L'AFRIQUE
L'AMÉRIQUE ET L'OCEANIE,

ET CHACUN DES EMPIRES, ROYAUMES, ÉTATS ET COLONIES QUI EN DÉPENDENT.

ASIE.

L'Asie, la deuxième et à la fois la plus ancienne partie du monde, est située entre 24° de longitude est et 172° de longitude ouest, et entre 1° et 78° de latitude nord. Elle se prolonge donc dans toute la sphère boréale.

L'Asie a pour confins : au nord, la mer Glaciale ; au sud, le Grand-Océan ; à l'ouest, la Russie d'Europe, la mer Caspienne, la mer Noire, la mer de Marmara, l'Archipel, la mer Méditerranée, l'isthme de Suez et la mer Rouge ou golfe Arabique ; à l'est, le Grand-Océan, qui se divise, dans cette région, en une infinité de mers, golfes et détroits, prenant leurs noms des pays littoraux de l'Asie.

L'Océan Glacial arctique offre deux golfes, celui de Kara et celui d'Obi, et une baie, celle de Taimoura.

Les fleuves qui portent leurs eaux dans cette mer sont : l'Obi, long de 446 milles ; l'Iénissei, 410 m.; la Lena, 440 m.; l'Indignirka, 176 m.; la Kowyma, 246 milles.

Le Grand-Océan boréal forme la mer et le détroit de Bering, qui joint l'Océan Glacial arctique, la mer d'Okotsk, la mer du Japon, la mer Jaune, la mer de Corée, la mer de la Chine. Ces mers, avec leurs nombreux golfes, reçoivent, en partant du nord, les fleuves suivans : l'Amour, long de 595 milles ; le Houang-Hou (fleuve Jaune), 540 milles de cours ; le Yang-Tseu-Kiang, 648 m.; le King-Cha-Kiang, 250 m.; le May-Kang ou Cambodge, 456 m., et le Meinam, 188 milles.

Le Grand-Océan austral, ou plutôt la mer des Indes, forme le golfe du Malabar, le golfe du Bengale, la mer d'Oman ou du Sind, et le golfe Persique, qui reçoit l'Irraouaddy, long de 420 milles ; le Brahmapoutre, 571 m. ; le Gange, 551 m.; le Mehenedy, 155 m.; le Godavery, 167 m. ; le Kistnah, 145 m. ; le Nerbouddah, 145 m.; l'Indus ou Sind, 564 m.; l'Euphrate, 504 milles.

Les lacs les plus remarquables de l'intérieur de l'Asie sont : celui d'Aral, ayant 460 milles carrés d'étendue ; il se trouve dans la Tatarie indépendante ; on le nomme aussi mer d'Aral. Deux grandes rivières, l'Amou-Devia et Djihou, long de 270 milles, et le Syr ou Sihoun, long de 216 m., alimentent les eaux de ce lac. La Sibérie a trois grands lacs : le Baikal, 550 milles carrés de surface; le Tchany, 542 milles carrés; le Palkati ou Balkhachi, 288 milles carrés. La Kalmoukie, pays septentrional de la Chine, possède le lac Dzaisang, 175 m. c.; le lac Tiheri, au Thibet, a 108 m. c.; la Kalmoukie, le Lob-Noor, 101 m.c. On trouve, en Turquie, le lac de Van, ayant 92 m. c.; en Chine, le Khoukhou-Noor, 90 m. c.; au Caboul, dans l'Afghanistan, le lac de Zerrah, 50 m. c.; dans la Chine occidentale, le lac Namour, 47 m. c.; en Perse, le lac d'Ourmiah, 56 m. c.; le lac d'Asphalte, autrement dit mer Morte, en Palestine, a 25 milles carrés de surface. le Jordan est son affluent.

Tous ces lacs ou mers d'intérieur se trouvent au-dessous du niveau de l'Océan. D'après les nouvelles recherches, le niveau de la mer Caspienne est plus bas de 94 pieds de Paris, que celui de la mer Noire.

Les montagnes de l'Asie peuvent se ranger en cinq systèmes, savoir :

Le système Himâlaya, dans le nord ; il se compose des trois groupes : Altaı, Thian-Chan, Himâlaya. Le mont de Davalagiri, dans le groupe Himâlaya, est le point culminant, non-seulement de l'Asie, mais de l'univers; il a 4,590 toises de hauteur.

Les systèmes Ouralien et Caucasien, à l'ouest de l'Asie, dont le point le plus haut (l'Elbrouz, au nord de Kouthaisi,) a 2,800 toises. L'Ararat n'a que 2,700 toises.

Le système Indien, dans la partie méridionale ; ses hauteurs ne dépassent pas 1,500 toises.

Enfin, le système Arabique, où se trouvent le Liban, haut de 1,700 toises ; le Sinaï, de 1,241 t.; le Mont-Carmel, de 544 t., et le mont Thabor, de 315 toises.

Dans les îles du Japon, on trouve des hauteurs de 1,500 toises.

Les plateaux de l'Asie sont les plus vastes et peut-être les plus élevés de tout le globe ; ils s'élèvent de 160 à 2,200 toises. Le Thibet est le pays le plus élevé de cette partie du monde.

L'Asie est la moins remuée des parties du monde par les volcans; celui de Tolbatschik, dans la presqu'île du Kamschadka, est le plus formidable.

L'Asie offre un grand nombre de déserts et de steppes ; la Siberie presque entière est de cette nature de terrain. Le Turkestan est aussi coupé par de grandes steppes ; la Chine, la Mongolie et la Perse sont traversées par des territoires arides ; mais les plus vastes déserts se trouvent en Arabie ; celui d'Akhaf est le plus étendu.

Des îles nombreuses couvrent les approches des côtes asiatiques ; parmi les plus remarquables, on cite, dans l'Océan Glacial, l'île Blanche (Bieloi), l'île de Khangalaounoi, les îles Kotelnoi et Nouvelle Sibérie. Les îles Liakhow se trouvent au sud de la nouvelle Sibérie ; l'archipel des Ours, à l'embouchure de la Kolyma.

Le Grand-Océan boréal comprend l'île de Saint-Laurent, l'archipel des Kouriles, les îles de Ieso et de Tarrakai, l'île de Niphon (Jàpon), la plus grande des îles de l'Asie; les îles Kiousiou, Sikof, l'archipel de Lieu-Kieu, l'île de Formose et celle d'Hainan.

L'Océan Indien comprend l'archipel de Junkselon-Pinang, l'archipel de Merghi, celui de Nicobar et Andanam, le groupe de Ceylan, l'archipel des Maldives et Lakedives.

Dans le golfe Persique, surgissent le groupe de Kichm et le stérile îlot d'Ormouz, et, près des côtes de l'Arabie, le groupe de Bahrain, si renommé par la pêche des perles.

La Mediterranée présente l'île de Chypre, les îles de Rhodes, de Samos, de Chio et de Meteline, qui font partie de la Turquie asiatique.

Toutes ces terres, montagnes, déserts et îles occupent environ 740,000 milles carrés, exception faite des îles appartenant à l'Océanie (la Malaisie), et que les statisticiens allemands confondent avec l'Asie. La plus grande longueur, de l'ouest à l'est, est de 1,500 milles; la plus grande largeur, du nord au sud, de 1,155 milles.

La population de l'Asie dépasse 412,000,000 d'ames; c'est un chiffre presque double de celui de l'Europe; mais il faut remarquer que l'étendue de notre continent n'est que dans la proportion de 1 à 4 à celui de l'Asie. L'Asie n'a donc pas même la moitié de la population de l'Europe, qui compte environ 250,000,000 d'habitans.

Le climat des régions septentrionales de cette partie du monde est très-rigoureux; tempéré au centre, à l'exception du grand plateau du Thibet, il est brûlant au sud.

Les mines de l'Asie fournissent des diamans, rubis, saphirs, de la terre à porcelaine, du sel, de l'or, de l'argent, du mercure et du fer.

Les végétaux les plus remarquables sont : le cafier, le dattier, le cocotier, l'indigotier, la canne à sucre, le canellier, le tek, le bambou, les bois de sandal et d'aigle, le poivrier, etc.

L'Asie nourrit une grande quantité d'animaux étrangers à l'Europe; ainsi on y rencontre des singes, des éléphans, des rhinocéros, des lions, des tigres, des panthères et des chakals; au nord, des martres, des hermines, des zibelines, des renards, etc. Les chameaux et les dromadaires servent de bêtes de somme. Les chevaux de la Perse et de l'Arabie sont d'une grande beauté.

L'Asie est habitée par trois races d'hommes : la blanche, la jaune et la noire.

Le plus grand nombre des peuplades de cette partie du monde vit dans une complète ignorance; beaucoup adorent encore les corps célestes et sacrifient des victimes humaines.

Le boudhisme est la religion qui compte, en Asie, le plus de sectaires; le brahmanisme règne dans l'Inde; le culte des esprits et celui de Confucius sont professés en Chine et au Japon, qui a, en outre, sa religion particulière, dite de Sinto.

L'islamisme est très-répandu dans cette partie du monde, quoique le nombre de ses croyans ne soit pas très-grand. Le christianisme compte peu de fidèles. Le judaisme reste en Arabie, où il est né; mais ses bornes sont peu étendues.

Les gouvernemens de l'Asie sont tous despotiques.

Le caractère nonchalant des Asiatiques méridionaux, malgré leur aptitude aux travaux des arts, laisse beaucoup à désirer sous le rapport de l'industrie. Les sciences ne sont nullement cultivées dans cette partie du monde; la littérature reste dans le même abandon. Les contrées soumises aux puissances européennes commencent à recevoir une éducation plus rapprochée de la nôtre; mais, dans les états indépendans de l'Asie, on proscrit les innovations. La Chine, la Cochinchine et le Japon, qui ont une civilisation et une instruction à part et sur d'autres bases que les nôtres, sont fermés pour les Européens.

RUSSIE ASIATIQUE.

SIBÉRIE.

Le royaume de Sibérie comprend tout le nord de l'Asie, des confins de l'Europe au détroit de Béring. Sa situation astronomique est entre 55° de ongitude est et 172° de longitude ouest, et entre 47° et 76° de latitude nord.

La Sibérie se divise en 4 gouvernemens et 4 provinces, qui occupent ensemble 211,840 milles carrés, habités par plus de 1,660,000 ames. La Sibérie présente une surface plus grande de près d'un tiers que celle de l'Europe, mais sa population n'est que comme 1 à 146.

Division administrative.

	Milles carrés.	Populat.
Gouvernement de Tobolsk / Province d'Omsk	24,961	572,000
Gouvernement de Tomsk	60,425	383,000
Gouvernement de Iénissei	126,460	135,000
Gouvernement d'Irkoutsk		400,000
Province d'Iakoutsk		147,000
Gouvernement d'Okotsk		7,000
Presqu'île Kamtschadka		5,000
Iles sibériennes	1,067	12,000

Villes principales.

Tobolsk	25,000 ames.
Irkoutsk	30,000
Tomsk	9,000
Tioumène	8,000
Iakoutsk	7,000
Ienisseï	6,000
Tourinsk	6,000
Barnaoul	6,000
Kolywan	4,000
Kouznestk	4,000
Krasnoïarsk	4,000

Les habitans de la Sibérie se composent de plus de 18 races, dont les principales sont les Toungousses, les Samoïèdes, les Ostiaks, les Tatars, les Kalmouks et les Russes. Ces derniers s'y établissent comme colonistes ou sont déportés pour crimes dans le gouvernement de Tobolsk. Les prisonniers d'état sont confinés dans les mines de Nertchinsk, gouvernement d'Irkoutsk.

La Sibérie est sous l'influence d'un climat affreux : le thermomètre y descend quelquefois à 40 degrés. Les rivières y sont prises dans le mois de septembre, quoique la débacle ne s'opère qu'à la fin de mai. Dans les mois de juin et de juillet, le soleil ne quitte l'horizon que de 5 à 10 minutes.

Le pays est formé en un vaste plateau, élevé de 700 à 830 toises ; les montagnes qui s'y reposent, ont des hauteurs de 170 à 250 toises.

Des forêts immenses couvrent la plus grande partie des steppes de la Sibérie ; ces steppes ne sont susceptibles d'aucune culture. Le terroir le plus fertile de ce pays, ne donne que 3 grains pour 1.

La Sibérie, pays ingrat sous le rapport du sol, donne à profusion toute sorte de gibiers ; la plus forte pièce est l'ours, dont les habitans fument la viande qui est une des richesses de leurs exportations.

Les mines, qui sont abondantes, fournissent annuellement environ 1,700 kilogrammes d'or ;

19,000 kilogrammes d'argent; 67,000 kilogrammes de plomb.

Le commerce d'exportation consiste principalement en fourrures de castors, martres, renards et loutres.

Okhotsk est le point central du commerce avec l'Amérique; Kiahta, avec l'Asie; et Tobolsk, Orembourg, Troitskoi, Petropawlosk, avec l'Europe.

PROVINCES CAUCASIENNES.

Les provinces russes aux pieds du Caucase se composent de :

	Milles carrés.	Population.
La Géorgie......	832	390,000
L'Imérittie.......	645	270,000
Le Daghistan....	432	184,000
Le Schirvan	445	133,000
L'Arménie......	362	410,000
	2,716	1,387,000

Tiflis, la capitale de ces possessions, a 35,000 habitans; Akaltsyk, en compte 15,000; Erivan, 12,000; Elisavetpol, 12,000; le vieux Chamakhi, 10,000; Fithak, 10,000; Ourdabad, 6,000; Bakou, 6,000. Le reste des villes possède une population de 4,000 à 5,000 ames.

L'Arménie jouit d'un climat méridional et sain; l'été y est doux, mais l'hiver y est d'une température rigoureuse.

La partie cultivée de la Géorgie produit le safran (environ 400 quintaux), la garance (environ 8,500 quintaux), le riz, le coton, le mûrier, la vigne (environ 250,000 hectolitres de vin), la cochenille; on y a introduit depuis peu d'années la culture de l'indigo, de l'olivier, du tabac et du chanvre.

Les Tatars élèvent plus de 1,700,000 moutons qui donnent une laine ordinaire.

L'industrie est à son enfance.

Le plus grand commerce de cette partie de l'Asie se fait à la foire d'Irbit, dans le gouvernement de Perm.

Bakou, Tiflis, Erivan, sont les places de commerce de l'intérieur.

A Tiflis, il y a une société pour les fabrications en soie, et une école de vignerons.

POSSESSIONS TURQUES.

L'Asie ottomane est située entre 24° et 27° de longitude ouest simple, et entre 30° et 40° de latitude nord.

Elle est limitée au nord, par le détroit des Dardanelles, la mer de Marmara, le détroit de Constantinople, la mer Noire et l'Asie russe; au sud, par l'Arabie; à l'ouest, par la Méditerranée et l'Archipel ; à l'est, par l'Asie russe et la Per se ou Yran.

A cette partie de la Turquie, on joint ordinairement les îles qui surgissent dans la Méditerranée.

Tout le territoire de l'Asie ottomane présente une surface de 50,000 milles carrés et une population de 12,000,000 d'ames.

Le pays est partagé en 5 provinces, dont chacune comprend plusieurs eyalets ou pachaliks, qui se subdivisent en sandjaks.

L'Anatolie ou Asie mineure a 6 eyalets : Anatolie, Adana, Caramanie, Marach, Sivas, Trébizonde.

Chefs-lieux des pachaliks, avec leur population :

Koutahieh, 60,000 ; Adana, 30,000 ; Konieh, 30,000; Marach, 3,000; Sivas, 3,000; Trébizonde, 80,000.

Autres villes importantes :

Tokat, 100,000 ; Brousse, 60,000 ; Amasiéh, 52,000 ; Afioum-Kara-Hisar, 50,000 ; Angora, 40,000 : Satalieh, 35,000 ; Gouzel Hisar, 30,000 ; Kaisarieh, 25,000 ; Ain-Tab, 20,000 ; Jouzghat, 18,000.

L'Arménie ottomane comprend 3 eyalets : Erzeroum, Van et Kars.

Chefs-lieux ; Erzeroum, 70,000 ; Van, 40,000 ; Kars, 3,000.

Le Kourdistan ottoman se compose d'un seul eyalet, Chehrezour, dont la capitale a 15,000 ames. Quatre principautés kourdes y sont comprises.

La Mésopotamie ou l'Al-Djézyréh avec l'Irak Arabi, est divisée en 4 eyalets : Diarbekir, Rakka, Moussoul, Bagdad.

Chefs-lieux : Diarbekir, 70,000 ; Rakka, 3,000 ; Moussoul, 60,000 ; Bagdad, 80,000.

L'eyalet de Diarbekir comprend 4 principautés kourdes. La ville d'Orfa, dans l'eyalet de Rakka, compte 50,000 habitans. Dans l'eyalet de Bagdad, Bassorah a 60,000 ames, et Mardin 25,000.

La Syrie ou pays de Cham contient 4 eyalets : Alep, Tripoli, Acre, Damas.

Chefs-lieux et villes importantes : Alep, 120,000 ; Killis, 12,000 ; Antakieh, 10,000. — Tripoli, 16,000. — Acre, 20,000 ; Beyrouth, 12,000 ; Seide, 8,000.—Damas, 200,000 ; Hamah, 300,000 ; Jérusalem, 30,000 ; Naplouse, 10,000 ; Ramla, 10,000.

Iles asiatiques de la Mediterranee.

Tenedos. . .	7,000	Stankhio. .	6,000
Métélin. . . .	50,000	Nicaria . . .	1,000
Chio.	8,000	Patino. . . .	500
Psara	2,000	Rhodes . . .	30,500
Samos.	60,000	Chypre . . .	80,000

ARABIE.

La presqu'île de l'Arabie est située entre 30° 15' et 57° 30' de longitude est, et entre 12° 40' et 34° 7' de latitude nord.

L'Arabie est baignée au nord par la Méditerranée; le golfe Arabique forme sa frontière de l'ouest; la mer des Indes la limite au sud, et le golfe Persique à l'est.

Cette presqu'île est un désert sablonneux semé de fertiles cantons, qui produisent les dattes, le café (mokka), l'aloës, le baume de la Mecque. Une portion considérable de ce pays est habitée par les Bédouins, pasteurs qui n'ont d'autres propriétés que leurs tentes, leurs chameaux, et leurs chevaux qui sont d'une espèce particulière.

La surface de l'Arabie comprend 30,000 milles carrés peuplés d'environ 12,000,000 d'habitans.

L'Arabie se divise en plusieurs provinces, l'Edjaz, à l'ouest; le Nedged, patrie des Wahabites; le Téhama; l'Yémen; l'Hadramant, au sud; l'Oman, au sud-est; le Bahrein, à l'est. Le milieu est un vaste desert.

Le mont Sinai surmonte le nord-ouest de l'Arabie et s'élève à 1,230 toises.

Villes principales avec leur population :

Mekka.....	50,000	Terim	15,000
Médine	8,000	Mascate....	60,000
Sana.......	30,000	Anaseh	200,000
Damar.....	30,000	Vahhabites.	300,000
Chiban	20,000	Beni-Szather	30,000

Les gouvernemens des provinces sont partie en patriarcats, et partie en républiques, tant démocratiques qu'aristocratiques, et enfin des gouvernemens modérés.

On exporte le café, les perles, les dattes sèches, les peaux, les chevaux, les feuilles de séné, l'indigo, la gomme, l'encens, la myrrhe. On importe les objets d'habillement, les armes, le sucre, l'acier, le fer, le plomb, l'étain, la cochenille, les toiles, etc.

PERSE.

La Perse proprement dite se compose de trois parties, savoir :

	Milles carrés.	Habitans.
Yran.........	22,740	11,230,000
Afghanistan ..	12,000	7,800,000
Belouchistan..	6,670	1,700,000
	41,410	20,730,000

YRAN.

Le royaume de Perse ou d'Yran est situé entre 42° et 59° de longitude est, et entre 26° et 30° de longitude nord.

Il avoisine au nord les possessions russes, la mer Caspienne et la grande Boukharie; au sud, le golfe Persique; à l'ouest, la Turquie; à l'est, l'Afganistan et le Beloutchistan.

L'Yran se divise en 11 provinces qui comprennent 22,740 milles carrés et 11,230,000 habitans.

Provinces.	Milles carrés	Population.
Irak-Adjemi	4,414	2,460,000
Thabaristan	327	130,000
Mazanderan.....	356	850,000
Ghilan.........	246	280,000
Adzerbaïdjan ...	1,431	2,000,000
Kurdistan	610	750,000
Khuzistan	1,380	900,000
Thars..........	5,951	1,700,000
Kermann.......	3,088	600,000
Kuhistan.......	1,112	170,000
Khorassan......	3,827	1,700,000

Population des villes :

Teheran, la capitale, 140,000.

Ispahan....	200,000	Casbin......	60,000
Taurus.....	100,000	Aster-Abad..	40,000
Balfrouch ..	100,000	Kermanchah.	40,000
Recht......	70,000	Schiras......	32,000
Yezd.......	65,000	Kalhan	30,000

Trente autres villes renferment une population de 25 à 1,000 ames.

Nationalités des habitans :

8,990,000	Perses.	60,000	Arméniens.
500,000	Arabes établis	25,000	Juifs.
250,000	Ghelakis.	15,000	Syriens.
20,000	Parsis.		

Troupes nomades :

450,000	Turcs.	230,000	Kourdes.
180,000	Arabes.	340,000	diverses tribus.
150,000	Loures.		

Le sol est fertile en raisins, dattes, figues, prunes, poires, gommes, oranges.

On fabrique en Perse les tapis, étoffes d'or et ouvrages en pierreries.

Le gouvernement est despotique, féodal ; les troupes nomades se régissent à leur gré.

Les finances montent à 80,000,000 de francs.

Détail des revenus :

Domaines...............	14,052,000
Impôt foncier, douanes ..	8,984,600
— sur le commerce...	8,030,900
— d'Ispahan et la Monnaie...........	14,051,700
Cadeaux des sujets......	12,050,000
Valeurs fournies en nature	18,200,000

La force armée se compose de 250,000 hommes, dont 10,600 soldats, dressés à l'européenne. Les peuples nomades fournissent pendant la guerre 80,000 cavaliers; l'infanterie monte à 150,000 hommes.

BELOUTCHISTAN.

La confédération de Belouchi (peuple prédominant dans cette contrée), est située entre 58° et 67° de longitude est, et entre 25° et 30° de latitude nord.

Limites : au nord, l'Alfghanistan; au sud, le golfe d'Oman ; à l'ouest, la Perse ou Yran; à l'est, la confédération de Scheiks.

Ce pays se divise en 6 provinces, savoir :

Saravan.	Lous.
Kotch-Gandâvâ.	Mékran.
Djhalavan.	Kouhistan.

Le territoire présente 6,670 milles carrés et 1,700,000 habitans.

Villes principales :

Kélat, résidence du khan suprême, renferme 20,000 habitans; Gandâvâ, 18,000; Zouri, 15,000; Bela, 10,000; Kedje, 25,000.

Le gouvernement a la forme représentative : chaque tribu élit son chef, qui doit être confirmé par le khan héréditaire de Kélat. Le khan jouit de toutes les prérogatives de la souveraineté.

Les revenus du khan ne dépassent pas 800,000 francs.

Son armée se compose de 4,000 hommes. Mais, en temps de guerre, il peut réunir plus de 150,000 soldats.

AFGHANISTAN.

L'Afghanistan, se compose des deux royaumes:

Royaume de Kaboul, situé entre 57° et 70° de longitude est, et entre 28° et 36° de latitude nord.

Royaume de Herat ou du Khorassan oriental, compris entre 58° et 67° de longitude est, et entre 25° et 30° de latitude nord.

Ces deux états ont une étendue de 12,000 milles carrés. Leur population monte à 7,800,000 ames. Le Herat est au Kaboul comme 1 est à 2.

La ville de Kaboul renferme 80,000 ames; la forteresse de Kandahar, première cité manufacturière et commerçante du pays a 100,000 habitans. Herat en compte 100,000.

Les finances du royaume de Kaboul montent à 30,000,000 de francs; celles du royaume de Herat à 6,000,000.

L'armée de Kaboul présente 100,000 hommes; celle du Herat, 50,000. En temps de guerre, le nombre de soldats peut être doublé.

La forme de gouvernement, tant dans le royaume de Kaboul que dans celui de Hérat, est une monarchie limitée par des lois et priviléges.

La guerre civile qui règne en ce pays depuis le commencement de notre siècle, a effacé toute notion du droit. C'est une anarchie complète.

TURKESTAN.

Le Turkestan est situé entre 47° et 80° de longitude est et entre 36° et 51° de latitude nord.

Il confine : au nord, la Russie asiatique ; au sud, la Perse ; à l'ouest, la mer Caspienne et la Russie d'Europe ; à l'est, la province d'Omsk, l'empire chinois et le Thibet.

Le Turkestan se divise en 5 grands états, qui se subdivisent en 21 khanats, pays et états, partagés en une infinité d'états et provinces.

Cinq grandes divisions :

Grande Boukarie.....	10,800	1,000,000
Khokand.....	6,400	1,000,000
Khiwa	300	800,000
Balkh...............	1,650	1,000,000
Kirghises et Turcomans	15,120	1,200,000
	34,270	5,000,000

Villes principales :

Bokhara, cité célèbre par son industrie et son commerce, possède 150,000 habitans ; Kurschi, ville du même état, compte 10,000 ames; Samarcande en a 8,000.

Khokand, ville industrieuse et commerçante, renferme 60,000 individus; Khodjend est estimé avoir 40,000 habitans, Tachkend, 20,000.

Khiva a 10,000 ames.

La Boukharie ne compte, pour tout l'état, qu'environ 25,000 hommes toujours sur le pied de guerre; mais, au besoin, le pays peut fournir 300,000 cavaliers Le Khokhan, avec ses khanats, réunirait en cas de nécessité 100,000 combattans.

Le Khiva environ 60,000.

Les principaux habitans de ces contrées sont Turks, Tatars ou Mongols, Kalmouks, Juifs, etc.

CHINE.

L'empire chinois s'étend entre 69° et 141° de longitude est, et entre 18° et 51° de latitude nord.

Limites : au nord, la Sibérie et la mer d'Okhotsk; au sud, la mer de la Chine, l'empire d'Annam, le royaume de Siam, l'empire des Birmans, l'empire Anglo-Indien, et le royaume de Nepâl; à l'ouest, la confédération des Sheiks et le Turkestan; à l'est, la mer du Japon, la mer Jaune et la mer Corée.

L'empire chinois comprend 284,908 milles carrés

et 386,260,000 habitans. Il se divise en 8 états distincts qui s'administrent séparément.

Ces états sont :

La Chine..........	97,600	352,560,000
La Mandchourie....	34,390	200,000
La Mongolie.......	91,360	3,000,000
Le Turfan.........	27,290	1,500,000
Le Thibet.........	23,370	12,000,000
Le Boutan.........	3,020	1,500,000
Le Corée..........	7,440	15,000,000
L'archipel de Lieu-Kieu............	438	500,000

La Chine, proprement dite, se divise en 18 provinces, qui, d'après le recensement fait en 1815, devaient renfermer 354,195,729 habitans. On conteste ce chiffre : M. de Rienzi ne donne à la Chine que 145,471,000. L'armée est estimée par le même auteur, à 906,000 hommes ; les mandarins et les employés subalternes, à 102,000; les habitans qui vivent sur l'eau, à 2,416,000 : ce qui donne, pour la Chine, un total de 148,895,000 têtes.

La population de la Corée est portée, selon M. Rienzi, à 8,463,000; celle du Thibet et du Boutan est évaluée à 6,800,000 ; la Mandchourie, la Mongolie, la Dzoungarie, le Turkestan chinois et autres pays tributaires, à 9,000,000 d'âmes; les colonies, à 10,000,000. Total des totaux :

133,158,000. M. Balbi adopte un chiffre de 170,000,000.

L'Académie de Saint-Pétersbourg a établi pour 1812, un total de 361,691,430 habitans et 932,300 soldats.

Nous ne pouvons faire d'appréciations sur ces chiffres, notre cadre ne nous le permet pas ; nous nous bornerons donc à indiquer les 18 provinces de la Chine, et le dernier recensement inséré dans l'*Asiatic Journal* qui se publie à Londres.

Tchi-li	27,990,871
Kiang-sou	37,843,501
Chan-toung	28,958,764
Ho-nan	23,037,171
An-hoei	34,168,059
Hou-nan	18,652,507
Kiang-si	30,426,999
Hou-pe	27,370,098
Yun-nan	5,561,320
Ssu-tchouan	21,435,678
Chan-si	14,004,210
Chen-si	10,267,456
Fou-kiang avec Formose	14,779,258
Tche-kiang	22,256,784
Kouang-si	7,313,895
Kouang-toung	19,174,030
Kan-sou	15,193,125
Kouei-tcheou	942,003

Villes principales de l'empire chinois :

Peking..........	1,700,000 habitans.
Canton.........	846,000
Nankin..........	814,000
Hang-Tcheu	700,000
Oou-Tchang	580,000
King-Tching....	500,000
Fok han........	320,000
Ilong-Tchang...	305,000
Sou Tcheu-Feu .	214,000

Dans la Chine, proprement dite, on compte 1,572 villes, 1,193 forteresses, 2,795 temples, 2,606 cloîtres, 32 palais impériaux, 331 ponts bâtis, et, d'après la révision en 1764, 87,844,761 maisons.

La population de l'empire chinois, d'après la nationalité des habitans, sur 181,780,000, présente les nombres suivans :

Chinois.........	143,750,000
Coréens	15,000,000
Thibetains......	13,500,000
Mongols........	3,000,000
Mandschoux (1)..	2,500,000
Tatars..........	1,500,000
Miaotses	800,000
Lieou Khieous...	500,000
Harafons........	480,000

(1) Peuple régnant.

Lolos...........	400;000
Malaisains	150,000
Mienting........	150,000
Juifs...........	50,000

Différences dans les cultes :

Disciples de Confucius..	159,220,000
Lamaites...............	18,000,000
Chamans...............	2,830,000
Mahométans...........	1,600,000
Catholiques............	88,000
Israélites..............	50,000

L'armée chinoise est divisée en quatre parties, savoir :

Garde composée de Tatars mandchoux, Mogols et Chinois..................	315,200 hommes.
Armée de la bannière conquérante, composée de Tatars mandchoux et de Mogols..................	266,000
Armée de la bannière verte, entièrement formée de Chinois..................	666,300
Armée du Thibet et de Turkestan.................	28,000
Total......	1,275,000

L'armée est divisée en corps, divisions, régimens, bataillons et escadrons, comme les armées européennes.

Commerce.

Les principaux articles exportés sont : le thé, les toiles de nankin, la porcelaine, la rhubarbe, la squine, le musc, le gingembre, la badiane, le mercure, le zinc, le borax, la soie, les châles, la nacre de perle, les écailles de tortue, etc. L'exportation du thé dépasse tous les autres articles; les Anglais seuls, en 1826, en ont acheté pour 29,345,775 livres. — On importe : les draps et autres lainages, les fourrures, les fils d'or et d'argent, les cannetilles et paillettes, les glaces et verres de Bohême, le plomb, le corail, la cochenille, le bleu de Prusse, le cobalt, les vins de Champagne, les ouvrages d'horlogerie, l'ébène, le poivre, le bois de sandal et de calambac, l'ivoire, l'étain, le cuivre, etc. L'opium constitue la plus grande branche d'importation; depuis 1836, son introduction est permise; on l'évalue à 20,000 caisses par an (12,000,000 kilogrammes). Il y a trois sortes d'opium : fange noire à 4,000 francs la caisse; peau blanche, à 3,000 francs ; et peau rouge, à 2,000 francs.

JAPON.

L'empire japonais s'étend entre 126° et 148° de longitude est et 29° et 47° de latitude nord.

Cet empire, à l'est de la Corée, est entouré

d'eaux, et se divise en 6 états, savoir : l'île de Japon (Nifon, parmi les naturels du pays) avec ses dépendances, en tout 1,328 milles carrés; île Kimin, avec dépendances, 1,328 milles carrés; île Sikokf, avec dépendances, 808 milles carrés; île Matsmai ou Ieso, avec les Kouriles japonais, 2,951 milles carrés; île Saghalien, 2,244 milles carrés; groupe des îles Bonin, 85 milles carrés. Total, 12,569 milles carrés.

La population est évaluée à 30,000,000 d'ames.

La ville capitale, résidence de l'empereur, s'appelle Kibou Miyako; elle compte 500,000 habitans. Une autre ville, Yedo, paraît contenir 1,680,000 ames.

L'armée se compose de 100,000 fantassins et 200,000 cavaliers; en cas de guerre, les princes féodaux doivent fournir 360,000 hommes d'infanterie et 38,000 cavaliers.

Les finances montent à 500,000,000 de francs. Les impôts sont payés, pour la plupart, en nature.

Le dairi (empereur) est le chef suprême de l'état; le seogoun ou koubo (général des armées) gouverne et l'état et les princes. Une foule de diamos (princes apanagés), administrent le pays et payent tribut au dairi ou plutôt au seogoun.

L'entrée de cet empire est fermée aux étrangers, et les Japonais ne peuvent, sous aucun prétexte que ce soit, sortir de leur pays. Aucun Européen ne peut obtenir la permission de visiter le Japon.

Les commerçans de trois nations, les Chinois, les Coréens et les Hollandais ont exclusivement le privilége d'aborder dans un seul port, celui de Nangasaki, situé dans l'île de Kiusiu ; là seulement se fait l'échange des marchandises, mais là même les relations s'opèrent sous la plus minutieuse surveillance, tant l'empereur du Japon craint le contact de ses sujets avec les autres peuples ; ce sont ces précautions qui empêchent la civilisation européenne de pénétrer au Japon. Pourtant le peuple japonais est industrieux et travailleur.

L'exportation de ce pays consiste en cuivre, camphre, soieries, objets en laque ; on y importe le sucre, l'étain, l'écaille, le mercure, le rotin, les épiceries, le plomb, des barres de fer, des miroirs, de la verrerie, l'ivoire, le café, le borax, le musc et le safran.

INDE.

Ce pays est divisé en deux régions ; l'Inde citérieure et l'Inde ultérieure.

L'Inde citérieure ou *Indoustan* s'étend entre 65° et 90° de longitude est, et entre 8° et 35° de latitude nord.

L'Inde ultérieure ou transgangétique, autrement appelée *Indo-Chine*, est comprise entre 88° et 107° de longitude est, et entre 1° et 27° de latitude nord.

Ces deux divisions, qui se touchent, ont pour limites : au nord, l'empire chinois; au sud, la mer de la Chine, le détroit de Singhapour, le golfe du Bengale et la mer des Indes ; à l'ouest, la même mer, les royaumes Persans ; à l'est, la mer de la Chine.

L'Inde citérieure, qui serait mieux nommée Inde anglaise, se compose de :

L'empire Indo-Britannique,
La confédération des Sheiks,
La principauté du Shindhy ou Sindh,
Le royaume de Nepâl.
Le royaume Sindia,
L'Inde portugaise, française et danoise,
Et le royaume de Maldives.

L'Inde ultérieure comprend :

L'Inde transgangétique anglaise,
L'empire des Birmans,
Le royaume de Siam,
Les états indépendans de la péninsule de Malacca,
L'empire d'Annam,
Et les Iles.

Possessions de la Compagnie anglaise aux Indes.

La Compagnie anglaise, dont le comptoir principal est à Calcutta, a des possessions immédiates dans les deux Indes, elle gouverne politiquement les pays vassaux en jetant des garnisons de ses soldats dans les plus importantes places fortes de ces états.

Les provinces immédiates de la Compagnie anglaise dans l'Inde citérieure ou ancien empire du Grand-Mogol, se partagent en 3 présidences, comprises les provinces situées au-delà du Gange.

Voici la nomenclature de ces présidences et provinces, avec leur étendue en milles carrés et leur population respective :

Possessions médiates de la Compagnie anglaise.

Vassaux de la présidence de Calcutta.

Le roi d'Aoudh	944	3,000,000
Les rajahs d'Allahabad	913	1,530,000
Le rajah de Bhartpour.	236	320,000
— de Matcherry..	143	130,000
Les rajahs d'Agra....	250	350,000
Le Sheik de Delhi.....	261	500,000
Le rajah de Gurwal...	680	310,000
— de Holhar	532	1,200,000
— de Bopal	107	250,000
Les rajahs d'Orissa...	364	1,000,000
L'état de Nizam	4,521	10,000,000
Le rajah de Nagpur...	3,297	3,000,000
Assam et le Garrow ..	2,118	150,000
	14,366	21,740,000

Présidence de Madras :

Karnatic	2,748	5,347,000
Koimbatour	232	638,000
Salem	610	1,076,000
Maissour ou Seringapatam	8	32,000
Malabar	783	908,000
Kanara	347	658,000
Balaghât	1,143	2,022,000
Circars du Nord	1,308	2,996,000
	7,179	13,677,000

Présidence de Bombay :

Ile Bombay	2	177,000
Ile Salsette	10	50,000
Territoire de Victorine	6	17,000
Guzurate et Aschimir	500	2,256,000
Avrangabad, Bedjapour, Kandeich	2,826	8,000,000
	3,344	10,500,000 (1).

(1) Depuis 1834, l'Indoustan est divisé en 4 présidences, comme il suit :

	Milles carrés anglais.	Population.
Bengale	217,122	60,000,000
Agra	88,000	20,000,000
Madras	141,923	13,508,535
Bombay	64,938	6,251,549
	512,883	99,759,081

Présidence de Calcutta :

En deçà du Gange.

Bengale..........	4,580	23,306,000
Behâr............	2,448	10,974,000
Allahâbâd........	1,912	7,100,000
Oude.............	446	700,000
Agra.............	500	2,350,000
Delhi	1,268	6,500 000
Gurwal	1,020	500,000
Orissa...........	235	1,090,000
Gundwânâ.........	2,802	800,000
Au-delà du Gange :		
Aracan...........	515	110,000
Taway, Ye, Tenasserim, Martaban.	998	51,000
Iles du prince de Wales.........	8	51,000
Singapore........	12	16,000
Malacca..........	48	22,000
	16,792	53,570,000

Vassaux de la présidence de Madras:

Le nabab de Maissour.	1,272	3,000,000
Le rajah de Travanckore...............	366	1,500,000
Le rajah de Kotchin..	81	150,000
Diverses principautés.	70	160,000
	1,789	4,810,000

Vassaux de la présidence de Bombay :

L'état de Guicowar...	847	2,000,000
Le rajah de Sattara...	518	1,500 000
Les rajahs de Guzurate	424	840 000
— d'Ajmir....	6,195	3,500,000
— de Katsch..	511	200 000
	8,495	8,048,000
Total des possessions médiates..............	24,650	34,598,000
—— immédiates...	27.495	77.747 000
Total des totaux.......	52,145	112,345 000

Population des provinces immédiates évaluée à 80 millions de têtes, d'après les cultes :

Indous.......	33,000,000
Mahométans..	4,500,000
Idolâtres.....	38,000.000
Protestans ...	4,500,000
	80,000,000

Villes principales :

Benares	630,000	Amedabad...	100,000
Calcutta.....	600.000	Baroda......	100,000
Madras	460,000	Indore	90,000
Patna........	312,000	Masulipatam.	70,000
Delhi........	300,000	Bareilly.....	70,000
Mirzapour....	300,000	Torrakabad..	67,000
Dakka.......	200,000	Tritchinipoli.	60 000
Haiderabad...	200,000	Aurungabad.	60,000
Murschidabad.	165,000	Bangalorre..	60,000
Bombay......	162,000	Dieypur.....	60,000
Agra........	160,000	Burdwan....	57,000
Surate.......	160,000	Rampour....	50,000
Puna........	115,000	Maissour	50,000
Nagpour.....	115,000		

Etablissemens scientifiques.

La compagnie des Indes entretient pour l'instruction de ses fonctionnaires civils:

Le *East India college*, à Heileybury en Angleterre;

Le collége de Calcutta;

La *Collegiate Institution* à Madras.

Les naturels du pays reçoivent les lumières dans les colléges musulmans et indoux de Calcutta, de Delhi, d'Agra et de Benares.

Il y a en outre, en Asie, plusieurs écoles et séminaires publics, ainsi que des établissemens fondés par les particuliers. Le parlement invita, en 1813, la Compagnie à affecter une certaine somme de son budget pour subvenir à l'instruction des régnicoles.

Les dépenses de la Compagnie anglaise sont de........................... 491,836,475 fr.
Les recettes montent à........... 437,141,925

Il y a donc un déficit de.. 54,694,550

La dette de la Compagnie s'élève à 769,352,000 de fr, dont 572,879,750 aux capitalistes d'Europe et le reste aux diverses nations de l'Asie qui dépendent de la Compagnie.

Etats des troupes aux Indes orientales :

Officiers européens...	5,531
— régnicoles ...	4,450
Soldats européens....	19,164
— régnicoles ...	181,612
Total.....	210,757 hommes.

La marine de la Compagnie se compose d'une frégate, de 4 bâtimens à 18 canons, de 6 corvettes et bricks, chacun avec 10 canons, puis de 2 bateaux à vapeur armés. La marine relève de la présidence de Madras. Un service de 12 schooners de 200 tonneaux, montés de pilotes, fait le service des côtes.

L'administration du pays, possessions immédiates de la Compagnie, est confiée aux employés de son choix ; les provinces sont régies par leurs princes respectifs.

Les états de la Compagnie des Indes sont placés sous la suzeraineté de la couronne d'Angleterre. Depuis 1766, la Compagnie verse annuellement 10 millions au trésor public : c'est le prix de la protection.

Les principaux revenus de la Compagnie des Indes proviennent de taxes sur les terres et sur les ventes dans les marchés, du droit de transit et de timbre, et surtout du monopole qu'elle exerce sur le sel, sur l'opium, sur le tabac, etc. Le produit de la taxe sur les terres excède 154 millions ;

les divers monopoles donnent un bénéfice de 75 millions. Le commerce est aussi une source immense de richesses. Ainsi le thé, que la Compagnie importe en Angleterre, donne un profit annuel d'au moins 30 millions. A dater d'avril 1834, la Compagnie a été obligée de renoncer au monopole qu'elle exerçait sur cet article.

Les actionnaires de la Compagnie des Indes, qui habitent presque tous Londres, sont au nombre de 1,976. Ils ont organisé à Londres une *cour des propriétaires*, où tous ont droit de vote pour élire les directeurs et procéder au partage des bénéfices; une *cour des directeurs*, composée de 24 membres élus et renouvelés par deux cinquièmes chaque année : là réside la souveraineté. La couronne, en qualité de suzeraine, s'est réservé un droit de surveillance, et elle le fait exercer par le *bureau de contrôle*, dont tous les ministres sont membres de droit. Ce bureau examine et approuve ou désapprouve les actes de la cour des directeurs, et c'est lui spécialement qui décide tout ce qui a rapport à la paix, à la guerre et aux traités.

Les agens supérieurs de la Compagnie sont : le gouverneur du Bengale, qui, avec une autorité supérieure, a le titre de gouverneur général; celui de Madras et celui de Bombay ; ces deux derniers peuvent, dans certains cas, être suspendus par le premier, qui, lorsqu'il le juge nécessaire, vient dans leur gouvernement exercer son autorité.

Le nombre des Européens qui habitent l'Indoustan ne s'élève pas, dit-on, à 40,000. On ne peut concevoir la faiblesse de ce chiffre quand on se rappelle que celui des indigènes est de plus de 100 millions. Mais on ne doit pas oublier que le gouvernement anglais ne permet que très-difficilement à ses sujets de s'établir dans l'Inde et d'y devenir propriétaires. Ce qui lui est arrivé dans l'Amérique du Nord a éclairé son expérience, et il n'a pas voulu qu'il se formât sur les bords du Gange une population anglo-indienne pour laquelle le mot de liberté serait un jour un signal d'indépendance.

On brigue avec tenacité les places administratives et militaires que la Compagnie juge nécessaire de confier à des Anglais ; car elles sont largement rétribuées et deviennent la source d'une fortune rapide Le gouverneur du Bengale reçoit annuellement 600,000 fr., celui de Madras 400 mille francs, celui de Bombay 350,000 fr. ; et le plus petit employé que nous trouvons fort bien rétribué à 100 fr. par mois, ne reçoit pas moins de 5 à 6 mille fr. par an, et peut encore se livrer à des spéculations très-lucratives.

CEYLAN.

La couronne d'Angleterre possède aux Indes-Orientales, séparément de la possession de la compagnie anglaise, l'île de Ceylan, située dans le golfe du Bengale. Cette île a 979 milles carrés d'étendue, et compte 850,000 habitans.

Colombo, ville capitale, renferme 60,000 ames.

POSSESSIONS PORTUGAISES.

Les possessions portugaises en Asie et dans l'Océanie, sous le titre de vice-royauté de l'Inde (vice-reynado da India), forment un seul gouvernement; il se compose:

De l'île de Goa, des provinces de Bardes et de Saleste, de Dauman et de Diu, sur la côte orientale de la mer des Indes; en tout, 223 milles carrés et 418,000 habitans;

De la place maritime de Macao, en Chine, 4 1/2 milles carrés, 48,500 habitans;

Total, 227 1/2 milles carrés, 446,000 habitans.

POSSESSIONS FRANÇAISES.

La France compte, en Asie, 20 milles carrés et 130,000 habitans. Ces possessions comprennent les villes de Pondichéry, Karikal, Yanaou, Chandernagor et Mahé; toutes sont enclavées dans les provinces anglaises.

POSSESSIONS DANOISES.

Le Danemarck possède, en Asie, 15 milles carrés et 28,000 habitans, répartis dans les villes et territoire de Tranquebar et Sirampour, dans les

Indes anglaises. L'archipel Nicobar, situé dans le golfe de Bengale, entre Sumatra et Andaman, n'appartient que de nom aux Danois.

ETATS INDIENS INDÉPENDANS.

Le royaume de Sindhia, environné de tous les côtés par les possessions médiates et immédiates de l'empire anglo-indien, se compose de 1,861 milles carrés, et possède 4,000,000 d'habitans.

Goualior, une des villes principales, compte 80,000 ames; Oudjein, la capitale, en a 100,000.

Les finances montent à 26,000,000 de francs.

La force armée est de 90,000 hommes.

La principauté de Sindhy ou *Sind,* qui se trouve entre le Belouchistan et l'Indoustan, comprend 2,482 milles carrés et 1,000,000 d'habitans.

Sa ville capitale, Haïderâbâd, renferme 15,000 ames.

Les revenus de l'état montent à 14,000,000 de francs.

L'armée présente 36,000 hommes.

La confédération des Sheiks, au nord-ouest des Indes anglaises, comprend 1,328 milles carrés, et compte 1,000,000 d'habitans. Cette confédération confondue actuellement dans le *royaume de Lahore,* qui augmente continuellement ses possessions et consolide chaque jour sa puissance. Le royaume de Lahore a une surface de 4,072 milles carrés et une population de 7,000,000 d'ames. Il est situé entre le Petit Thibet, les possessions médiates de l'Angleterre, l'Afghanistan et le royaume de Nepaul. Ce royaume est divisé en 4 provinces : Lahore, Kachmir, Afghanistan et Moultan.

Ses villes principales sont :

Lahore ou Lahôr, qui renferme 100,000 habitans ; Amretsir, qui en a 40,000 ; Kachmir (Cachemire), nommé aussi Serinagar (habitation de bonheur), qui en a 150,000, et Pichaouer, qui en a 70,000.

L'armée de Lahore, disciplinée à l'européenne par notre compatriote, le brave général Allard, est de 240,000 hommes.

Les revenus de l'état sont portés à 75,000,000 de francs.

Le royaume de Nepâl (Nepaul), situé entre le Thibet chinois et les possessions anglaises présente une étendue de 2,350 milles carrés, et renferme 2,500,000 habitans. Ce royaume est partagé en 9 districts inégaux, dont quelques uns offrent beaucoup de subdivisions.

Kâtmândou, la capitale, a 20,000 habitans ; Lâlitâ-Pâtân, la ville la plus propre et la mieux bâtie, en compte 24,000.

L'empire des Birmans, à l'est des possessions anglaises au-delà du Gange, comprend 13,030 milles carrés et 3,500,000 habitans.

Ava, sa ville capitale, renferme 50,000 ames; Amarapour en compte 30,000.

Les revenus montent à 50,000,000 de francs.

On porte le chiffre de l'armée à 35,000 hommes.

Le royaume de Siam présente une surface de 3,778 milles carrés. On y trouve 2,800,000 ames.

Bangkok, la capitale, a 90,000 habitans.

Les finances du royaume s'élèvent à 20,000,000 de francs.

L'armée est de 60,000 hommes.

L'empire d'An-nam, ou de *Viet-man*, ou de *Cochinchine*, touche : au nord, à l'empire de la Chine, à l'est et au sud, à la mer de Chine, et à l'ouest, au royaume de Siam. Ce royaume comprend 16,700 milles carrés et 12,000,000 d'habitans. Il se compose de la Cochinchine, du royaume de Tonquin, de la province de Tsiampa, du royaume de Kambodje, du pays Laos Anamite, qui renferme trois royaumes; du royaume de Bao et des territoires indépendans.

La population d'Hué, la capitale, est évaluée à environ 100,000 ames. Saigong, ville capitale du royaume de Kambodje, a le même chiffre d'habitans.

Au commencement de notre siècle, dans l'empire d'An-nam ou Cochinchine, on comptait plus de 380,000 Européens catholiques; mais un ordre de 1834, confirmé en 1837, interdit l'entrée et le séjour de l'empire, sous peine de mort, à tout catholique.

Les revenus de l'état montent à 125,000,000 de francs.

L'armée, y compris la garde impériale et les volontaires au service des mandarins, présente un effectif de 150,000 hommes.

La marine se compose de deux frégates construites à l'européenne, et 190 galères, longues de 40 à 100 pieds, portant de 4 à 16 canons.

Les archipels d'Andaman et de Nicobar forment une longue chaîne d'îles, qui s'étend du nord au sud, dans le golfe du Bengale, entre le cap Negrais, dans l'empire des Birmans et l'extrémité nord-ouest de l'île de Sumatra. Ces archipels comprennent 180 milles carrés, et possèdent 6,500 habitans.

Le royaume des Maldives et des Lak-Dives se compose de l'archipel des Maldives; ce vaste assemblage de plusieurs milliers d'écueils, qui forme 17 groupes ou atollons, est situé à l'extrémité méridionale des possessions anglaises, et à l'ouest de l'île de Ceylan. Ce royaume comprend, en tout, 108 milles carrés et 110,000 habitans.

Tableau statistique des principales puissances de l'Asie, classées d'après l'étendue de leurs territoires respectifs, avec leur superficie ainsi que leur population absolue et relative à un mille carré.

PUISSANCES NATIONALES.

	Etendue en mil. car.	Population absolue.	Population relative.
Chine	284,908	361,691,430	1,291
Tartarie indépendante..........	34,270	5,000,000	146
Arabie..........	30,000	12,000,000	400
Princes indiens tributaires.......	27,495	34,598,000	1,258
Yran (Perse).....	22,740	11,230,000	494
Turquie.........	20,000	12,000,000	600
An-nam (Cochinchine)........	16,700	12,000,000	838
Birmans.........	13,030	3,500,000	268
Japon............	12,569	30,000,000	2,394
Afghanistan	12,000	7,800,000	650
Belouchistan.....	6,670	1,700,000	255
Lahore et Sheiks..	5,400	8,000,000	1,481
Siam............	3,778	2,800,000	794
Sindhy..........	2,482	1,000,000	403
Sindia	1,860	4,000,000	2,204
Andanam	180	6,000	33
Mal-Dives........	108	110,000	1,010

PUISSANCES EUROPÉENNES.

	Etendue en Mil. car.	Population absolue.	Population relative.
Russie	214,556	2,987,000	14
Angleterre, non compris les princes tributaires..	25,629	78,597,000	3,066
Portugal	312	577,000	1,849
France..........	20	130,000	6,500
Danemarck......	15	28,000	1,866

Nous voyons, par ce tableau, que la population la plus intense de l'Asie est dans les possessions anglaises des Indes, et la plus faible, dans les possessions russes. Après l'Inde, l'empire du Japon est le plus peuplé; apres le Japon, vient l'empire de Chine. L'Arabie, la Turquie et la Perse sont les contrées les moins populeuses. — L'Andanam et les possessions françaises ne peuvent entrer en ligne de compte, l'Andanam étant une île aride, et les possessions françaises se composant de villes dont la population est partout serrée.

AFRIQUE.

AFRIQUE.

La position astronomique de ce continent est entre 38° de latitude nord et 35° de latitude sud, et entre 19° de longitude ouest et 49° de longitude est.

Ses confins sont : au nord, le détroit de Gibraltar et la mer Méditerranée ; au sud, l'Océan Austral; á l'ouest, l'Océan Atlantique ; à l'est, l'isthme et le golfe de Suez, la mer Rouge, le Bab-el-Mandeb, le golfe d'Aden et l'Océan Indien.

L'Afrique est entourée d'eaux de tous côtés ; son littoral présente un développement de 4,650 milles. L'Afrique est liée à l'Asie par le seul isthme de Suez ; cet isthme a 15 milles de longueur.

La surface de l'Afrique est estimée 540,719 milles carrés, dont 534,000 du continent. La région boréale de l'équateur s'étend sur 365,165 milles carrés, et la région australe, sur 171,104.

L'Afrique n'a pas de mer qui lui soit particulière ; les grandes eaux qui baignent cette partie du monde lui sont communes avec l'Europe et l'Asie.

La vaste étendue des côtes de l'Afrique est coupée par de profondes sinuosités, qui forment les golfes des Arabes, de la Styrie et de Gabes, dans la Méditerranée; enfin, celui de Guinée, qui contient les petits passages de Tiafra et de Benin, dans l'Océan.

Parmi les rivières connues, les plus importantes sont : le Nil, affluent de la Méditerranée, qui parcourt 570 milles (950 lieues); le Sénégal, tributaire de l'Océan Atlantique, long de 210 milles (350 lieues); la Gambie, qui a 240 milles (400 lieues) de parcours, se jette aussi dans l'Océan Atlantique; le Niger, qui traverse le Soudan et la Guinée, parcourt 480 milles (800 lieues).

Le lac de Tchad, qui pourrait être considéré comme une mer intérieure, reçoit les rivières le Jeon et le Chany. L'Afrique renferme peu d'autres lacs remarquables, sinon le Louedah, dans le royaume de Tunis; le Tzana ou Dembea, en Abyssinie, et le lac de Maravi, au sud du Zanguebar.

On remarque, parmi les îles : dans la Méditerranée, Jerbi ou Zerbi, le groupe de Kerkeni et Tabarca, près de la côte de Tunis; dans l'Océan Atlantique, le groupe de Madère, les archipels du cap Vert, des Canaries, des Bissagos et de Gorée, sur la côté de Sénégambie; l'île Cherbro, la plus occidentale de toute la Guinée, les îles Anno-Bon, Saint-Thomas, du Prince et de Fernando-Po, l'île de l'Ascencion, celle de Sainte-

Hélène, le groupe de Tristan Aacunha et l'île de Diégo-Alvarez; dans le Grand-Océan austral, l'île Bouvet, le petit groupe du Prince-Edouard, celui du Marion et Crozet, l'île de Kerguélen ou de la Désolation, Amsterdam et Saint-Paul; dans l'Océan Indien, Madagascar, les îles de Comores, les Mascareignes ou îles de France et de Bourbon, les Seychelles, les îles Quiloa, Moufia, Zanzibar, Pemba et Socotora; dans la mer Rouge, Dahlak est l'île la plus importante.

Les chaînes de montagnes, en Afrique, sont plus remarquables par leur largeur que par leur elévation. Du reste, l'orographie de l'Afrique n'offre encore, à quelques exceptions près, que des données incertaines et hypothétiques; car on ne connaît complètement la direction d'aucune des chaînes principales de ses divers systèmes montueux, et ce n'est que dans les îles, dans la région du Nil, dans quelques localités de la Nigritie et à l'extrémité de l'Afrique australe, que quelques points ont été mesurés. Toutes les autres évaluations ne sont que des mesures approximatives. Le savant Balbi classe provisoirement toutes les montagnes connues en quatre grands systèmes, dont nous offrons les principales hauteurs.

Le système *atlantique*, ainsi nommé du mont Atlas, au nord de l'Afrique, comprend :

	Toises.
Le plus haut sommet de l'Atlas, dans l'empire de Maroc................	2,000
— Waneseris, dans la régence d'Alger.	1,400

	Toises.
— Jurjura et le Felizia, idem.........	1,200
— Zouam, point culminant dans le régence de Tunis................	700

Le système *abyssinien*, où s'élèvent les monts de la Lune (Djebel-el-Kumr, des Arabes), et d'où découle le Nil, présente les hauteurs suivantes:

	Toises.
L'Amba Gechen....................	2,500
L'Amba Hai et le Beyeda	1,900
La source de Bahr-el-Azrek............	1,652
Le mont de Lumalmon...............	1,752
L'Amba-Hadji......................	1,259
Le mont Taranta	1,219

Le système *nigritien* ou *central*, qui s'étend des côtes de la Guinée dans le Soudan, comprend:

	Toises.
Le mont Muria	2,600
— — Zambi.....................	2,458
— volcan Zambi	2,580
Les monts Camerones..............	2,200

Le système *austral*, où se trouvent les fameux monts Lupata, auxquels plusieurs auteurs donnent le nom d'Epine du Monde, et qui n'ont que 1,000 toises d'élévation, présentent :

	Toises.
Les points culminans de Nieuweld.....	1,600
De Compass....................	1,564
De Komberg	1,255
Des monts Karri	1,050
De Roggeweld....................	828

Les systèmes *insulaires* comprennent les îles que nous avons déjà nommées, et dont la plus haute montagne, le Bernard, dans l'île de Bourbon, présente 1,900 toises. Le pic de Ténériffe dans les Canaries, a 1,858 toises d'élévation.

La presque totalité du sol de l'Afrique n'étant qu'une succession de hautes terrasses étagées les unes sur les autres, cette partie du monde doit nécessairement offrir un grand nombre de plateaux. Le grand plateau austral est le plus remarquable; M. Danville, qui a exploré cette partie du monde, prétend qu'il occupe tout l'intérieur du continent entre 5° de latitude nord et 15° de latitude sud. Dans ce vaste espace, les observations barométriques faites par ce savant géographe sur un grand nombre de points, ont donné une hauteur absolue qui varie de 450 à 1,200 toises.

L'existence des volcans n'est pas bien constatée sur le continent africain; mais les îles qui en dépendent en ont plusieurs. Les principaux sont : le pic de Ténériffe, sur l'île de ce nom; le volcan de Corona, sur l'île Lanzarota, dans l'archipel des Canaries; le pic de Fogo, sur l'île du même nom, dans l'archipel du cap Vert, et le Volcan, sur l'île Bourbon, dans l'archipel de Madagascar.

L'intérieur de l'Afrique, du reste peu connu, renferme de grandes vallées et de vastes plaines. Le Sahara est le plus grand désert de toutes les parties du monde. La Nubie, l'Egypte, l'Algérie et la Hottentotie possèdent aussi de grandes et arides solitudes. Ces steppes, qui peuvent être comparées à des mers de sable, sont, çà et là, coupées par des cours d'eaux qui s'y perdent, par des marais fangeux et quelques portions de terre végétale. Ces espèces d'îles, fraîches, fertiles, cultivees, ombragees de dattiers, sont nommées, par les Africains, *oasis*.

L'Afrique est riche en minéraux ; le fer et le cuivre y abondent. Le grand commerce de poudre d'or qui s'y fait indique assez l'existence de nombreuses mines non exploitées de ce métal; des parcelles d'or sont aussi chariées par plusieurs rivières de l'Afrique. Les pierres précieuses, en moindre quantité et qualité qu'en Asie, y sont cependant assez communes; les sardoines, les onyx, les améthystes et les émeraudes se trouvent sur plusieurs points.

Le climat général de l'Afrique est celui de la zône torride. Les pluies périodiques, les vents de mer et l'élévation du sol tempèrent seuls accidentellement la chaleur. Cependant ces trois circonstances se trouvent quelquefois réunies à un plus haut degré sous l'équateur que dans les zônes tempérées ; c'est ce qui fait que quelques parties de la Guinée, de la Nigritie et de l'Abyssinie jouissent d'une température infiniment moins brûlante et moins sèche que les déserts sablonneux au sud du mont Atlas ; ceux-ci pourtant sont éloignés de 30 degrés de la ligne équinoxiale.

Partout, où le sol peut conserver de l'humidité, la végétation se développe avec une grande vigueur. Le riz, le maïs, le manioc, le chou caraïbe, l'igname, la patate, le goyavier, l'ananas, la canne à sucre, le romarin et le tabac donnent d'abondantes récoltes. Les côtes de l'Afrique sont embellies par le cocotier, et, dans ces déserts, l'œil se repose sur de beaux dattiers. Les extrémites septentrionales et méridionales de cette partie du monde sont favorables à la vigne.

La plupart des montagnes sont couvertes de forêts, dont les arbres ne le cèdent en majesté à aucun de ceux des autres parties du globe. Les forêts du mont Atlas égalent en beaute celles de l'Italie et de l'Espagne ; celles de la Guinée, de la Sénégambie, du Congo et de la Nigritie, rappellent les épaisses forêts de l'Amérique méridionale. Dans ces régions, croissent le gigantesque calebassier, dont le tronc sert souvent de demeure à toute une famille de nègres ; le pommier, l'arbre à suif, le lotus, l'acacia-gommier, l'arbre à encens, le figuier, le séné, le dragonnier, le chi, qui produit une sorte de beurre végétal ; l'oranger et le limonier.

L'Afrique nourrit la plupart des animaux de l'ancien continent ; mais, outre qu'ils y sont plus vigoureux, les animaux y ont encore conservé leurs qualités et leurs instincts natifs ; ainsi, le lion, qui, en Afrique, est si différent de ceux des autres parties du monde, qu'il semble seul mériter ce nom redoutable, en est le premier exemple ; après lui, l'eléphant et le rhinocéros, quoique de tailles moins colossales que ceux d'Asie, sont néanmoins beaucoup plus agiles, plus vigoureux et peut-être aussi plus féroces. Le cheval de Barbarie, le buffle du Cap et le mulet du Sénégal semblent ne point être de la même famille que les diverses espèces qui portent le même nom et qui vivent dans les autres parties du monde. Plusieurs animaux sont particuliers à l'Afrique : les deux seules espères de zèbres connues et le cheval couagga ou quacha, moins grand que le zèbre et portant aussi de moins longues oreilles, nous viennent du Cap de Bonne-Espérance et de l'Abyssinie. Le lourd hippopotame se trouve aux environs du Cap, au Sénégal, et même en Egypte. L'Afrique méridionale nourrit deux especes de girafes ; enfin le plus grand oiseau connu, l'autruche, est particulier à ce continent.

Parmi les volatiles, on remarque le vautour, le milan noir, l'aigle à tête blanche ou marabout, l'autruche, l'outarde, la grue, le faucon, les perroquets, et une prodigieuse quantité d'oiseaux de forme et de plumages de couleurs aussi diaprées que brillantes; dans les lieux marécageux, on rencontre l'aigrette ou héron blanc, le pélican et le cormoran; l'ibis, cet oiseau anciennement consacré par les Egyptiens, dont on remarque si souvent l'effigie sur les monumens, et dont on retrouve quelquefois les corps à l'état de momies, habite encore la vallée du Nil.

Les scorpions, qui font de si redoutables piqûres, et les sauterelles, qui dévastent les récoltes, sont les insectes les plus nuisibles.

Une grande quantité de serpens, de caméléons et de lézards rampent sur le continent d'Afrique. Les fleuves, entre autres le Nil, recèlent une grande quantité d'énormes caïmans ou crocodiles et de belles tortues vertes.

Les habitans de l'Afrique sont un mélange de l'ancienne race africaine avec les autres familles humaines des autres parties du monde. La population est évaluée à plus de 100,000,000 (1) d'âmes, réparties et divisées ainsi sur le continent: au nord, les Maures, les Berbères et les Kabailes; à l'est, les Cophtes et les Nubiens; à l'ouest, les Nègres; au sud, les Caffres et les Hottentots.

---

(1) Divisant ce nombre par 540,719, on obtiendra 190 habitans par mille carré; proportion moins intense que celle de l'Asie, mais plus forte que celle de l'Amérique et de l'Océanie.

Le fétichisme est la religion du plus grand nombre des habitans de l'Afrique, puisque c'est la religion généralement professée par tous les Nègres, quelques peuplades de la famille atlantique et presque tous les indigènes de Madagascar. Ces nations abruties voient dans les objets les plus communs qui les environnent des sujets d'adoration et de culte ; cependant elles paraissent admettre un bon et un mauvais principe : les adorateurs du fétichisme reconnaissent des jours heureux et malheureux ; les prêtres de cette religion grossière sont des jongleurs adroits qui prétendent préserver les hommes et les animaux de l'influence des mauvais esprits. La religion mahometane est, après l'idolâtrie proprement dite, celle qui compte le plus de disciples. L'islamisme est répandu dans la partie septentrionale et orientale de l'Afrique, et en partie dans le Soudan. Le christianisme est suivi par les Cophtes ou Monophysites de l'Abyssinie ; mais cette espèce de secte de chrétiens se rapproche plus particulièrement du rite de l'église grecque, et mêle beaucoup de pratiques du paganisme au culte du Rédempteur. Le serpent est, chez les Cophtes, en grande vénération ; celui qui tue un de ces reptiles sacrés, est puni de mort. Le catholicisme pur est la religion des habitans des colonies espagnoles, portugaises et françaises et les Cophtes de l'Egypte. On trouve des luthériens et des calvinistes dans les établissemens des Anglais, des Danois, des Hollandais et des Anglo-Américains. Le judaïsme est professé par les Israëlites qui habitent les états barbaresques. Le magisme, confiné maintenant à Mozambique, a peu de sectaires. C'est dans ce royaume, le rendez-vous des Guèbres, que se traitent leurs plus importantes affaires commerciales avec l'Afrique.

L'Afrique se divise en sept régions : au nord, sont les états barbaresques, Maroc, Alger, Tunis et Tripoli ; a l'est, s'étendent l'Egypte, la Nubie, le Sennaar, l'Abyssinie ; à l'ouest, la Senégambie, la Guinée septentrionale et la Guinee méridionale ; au sud, l'Afrique australe, qui comprend la Cénibebatie, la Hottentotie et la Cafrerie, et enfin, la partie sud-est, qui embrasse la Mozambique, le Zanguebar, etc. Les îles sont dans la même région.

C'est dans l'ordre sus-indiqué que nous allons donner la description statistique particulière de chaque état, en citant des chiffres dont la véracité nous est constatée. Nous tâcherons, autant qu'il nous sera possible, de donner, dans ces descriptions, quelques notes sur la civilisation et l'état politique des contrées dont nous allons nous occuper.

MAROC.

L'empire de Maroc est compris entre 28° 20' et 35° 30' de latitude nord, et entre 3° 40' et 12° 40' de longitude ouest.

Il est limité : au nord, par le détroit de Gibraltar ; au sud, par le grand désert de Sahara ; à l'ouest, par l'Océan, et à l'est, par l'Algérie et la Méditerranée.

L'empire de Maroc se divise en 4 états qui relèvent du même prince, mais cependant sont divisés quant à l'administration, savoir :

	Milles carrés.	Habitans.
Le royaume de Fez.......	5,543	3,200,000
Celui de Maroc...........	3,211	3,600,000
Celui de Tafilett et de Sedschelmesa	1,791	700,000
Celui de Saïs et d'Arah....	3,169	1,000,000
	13,714	8,500,000

La population de ces contrées se compose :

De Maures, d'Arabes.............	3,550,000
De Berbères et Tuariks..........	2,300,888
De Schelluhs....................	1,450,000
De Bedouins	740,000
D'Israélites, Rabinistes et Laraites .	539,000
De Nègres	120,500
De Chrétiens	300
De Renégats	200
	8,500,000

Villes principales :

Fez.	88,000 habitans.
Feknas.	56,000
Maroc.	30,000
Rabat.	28,000
Salé.	23,000
Tarudan.	20,000
Suira.	17,000
Mogador.	16,000
Getovan.	16,000
Tedsi	14,000
Asasi	12,000
Teza	11,000
Tefza et Efza	11,000
Tafilett.	10,000
El-Mandia.	10,000
Tanger.	9,500

Le tableau suivant donne une idée approximative des recettes et des dépenses de l'empire de Maroc :

Recettes.

	Piastres.
La dîme	450,000
La taxe directe	280,000
Le Djazin et autres impôts sur les Juifs	30,000
L'impôt réuni	955,000
La taxe sur les monnaies	50,000
La douane	400,000
Le Takhuit ou le monopole	25,000
L'impôt sur les maisons	40,000
Le Deiat ou droits fiscaux	150 000
Les dons volontaires des sujets	225,000
Total	2,600,000
Francs	13,780,000

Depenses.

Maison impériale, harems, apanages, salaires........................	110,000
Réparation et embellissemens des résidences de l'empereur, des jardins, forteresses, etc..................	65,000
Munificences impériales, présens, etc.	66,000
Emolumens des gouverneurs, généraux et caïds......................	60,000
Soldes, équipement, approvisionnement des troupes.................	650,000
Entretien des forces navales........	30,000
Honoraires des consuls résidant en Europe, dans les régences de Barbarie et dans le Levant..........	15,000
Pour courriers, estafettes, messages, etc.	5,000
Total....	999,000
Francs ..	5,247,000

La force armée se compose de 36,000 hommes.

La marine consiste en 1 corvette, 5 chaloupes canonnières, 2 bricks et 2 schoners.

Le gouvernement est despotique. La religion mahométane domine.

ALGÉRIE.

L'Algérie est située entre 4° 50' de longitude ouest et 7° 50' de longitude est, et entre 33° et 38° de latitude nord.

Elle est bornée : au nord, par la Méditerranée au sud, par le Sahara ou grand désert ; à l'ouest, par les états de Maroc, et à l'est, par ceux de Tunis.

Le territoire de l'Algérie a un développement de 4,218 milles carrés.

Le pays se divise en quatre provinces :

Constantine,	Titeri,
Alger,	Tlemcen ou Oran.

APERÇU DE LA POPULATION DE LA RÉGENCE D'ALGER.

Les annales maritimes du mois de juin 1837 donnent, sans indication d'origine, les documens statistiques suivans :

Races indigènes.

Sujets :

	Religion.	Nombre.
Berbères et Schellouchs	Malékytes ..	700,000
Berbères biskerains...	id.	150,000
Maures	id.	300,000
Noirs du Soudan, esclaves ou affranchis.	Mahométans	100,000

Tribulaires :

Schellouchs du Mozab des autres oasis	Malékytes ..	400,000
Schellouchs et kouschites de l'Erouaghab...............	Ouahabites.	150,000
Schellouchs et kouschites de Tequort...		140,000
	Individus.	1,940,000

Races adventives.

Sujets :

	Religion.	Nombre.
Arabes homeyrites ou conquérans.........	Alydes.....	1,000,000
Juifs.................	Rabbinistes.	300,000

Tribulaires :

Juifs.—Méhégarichs de Tequort	Ouahabites.	20,000

Sujets :

Koulouglis et enfans de Turcs	Hhanyfyles.	200,000
Européens, sans les garnisons..............	Chrétiens...	60,000
	Individus..	1,580,000

Distribution de cette population.

Sous le rapport des origines :

Race indigène.................	1,940,000
Race adventive	1,580,000

Sous le rapport de la condition politique :

Sujets.........................	2,810,000
Tributaires...................	710,000

Sous le rapport de la religion :

Alydes ou hosseynites, malékites.	2,650,000
Hhanyfytes...................	200,000
Ouahabites	310,000
Rabbinistes	300,000
Chrétiens......................	60,000

Les habitans de la régence pourraient aussi se classer comme il suit :

1° Les *Turcs* qui, depuis l'occupation, sont disséminés sur divers points de la régence et qui habitent principalement les villes.

2° Les *Koulouglis*, nom donné aux enfans issus de l'union d'une femme maure avec un Turc, et qui suivent ordinairement la fortune de leur père, quoique placés dans un degré inférieur.

3° Les *Maures.* En vain chercherait-on chez eux le type de ces Maures que l'histoire a présentés comme des modèles de galanterie et de courage. Habitués depuis long-temps à une soumission complète, fanatiques et sensuels, ils n'ont aucune influence sur les tribus.

4° Les *Arabes* se subdivisent en *Bedouins* qui habitent la plaine, et en *Kabyles*, qui peuplent les hauteurs, et surtout l'Atlas. Les Arabes sont encore à peu près ce qu'ils étaient du temps des patriarches. Elius Gallus les trouva commerçans; Mahomet les trouva guerriers et en fit des conquérans en leur inspirant de l'enthousiasme; pour notre siècle, ce sont des fanatiques.

5° Les *Nègres*. Ils séjournent habituellement au-delà de Sahara. Ils sont employés aux travaux de basse domesticité dans l'intérieur des maisons, ou font le métier de portefaix ou autre analogue dans les villes de quelque importance et sur les ports

6° Les *Juifs* se trouvent partout où il y a un écu en circulation.

Ce n'est point sans motif que nous avons classé ainsi les peuples de la régence; c'est l'ordre dans lequel ils le sont chez eux en raison de leur supériorité vraie ou supposée. Le Turc, qui se croit le premier homme du monde, méprise toutes les autres nations; le Koulougli se venge du dédain du Turc en portant son mépris sur le Maure, lequel à son tour le rend aux Juifs. Ces derniers se trouvent donc placés, en Afrique, au dernier degré de l'échelle sociale.

Il résulte d'un tableau du mouvement de la population européenne, dans nos établissemens d'Afrique, qu'elle s'est augmentée de 1,690 ames en 1836. L'effectif, au 31 décembre 1836, était de 5,841 Français, 1,802 Anglais, 4,593 Espagnols, 1,845 Italiens, 810 Allemands, 6 Grecs et Russes et 21 Portugais. Dans le nombre, il y avait 7,736 hommes, 3,079 femmes et 3,636 enfans.

La ville d'Alger renfermait, avant l'occupation française, 80,000 habitans ; elle ne renferme plus aujourd'hui que 29,000 ames. Le 1er mars 1837, on y comptait 9,409 Européens, dont la moitié de Français ; 11,850 Arabes ou Maures ; 1,875 Nègres, et 5,945 Juifs. La ville possède 5 places, 168 rues, 120 mosquées, 14 synagogues, 1 église catholique, et environ 3,000 maisons. Alger fut fondé en 935, par un prince arabe, Jussouf Zeri.

Voici les noms des villes par province :

Provinces de Constantine. — Constantine, Tiyfasch (ancien Typasa), Typsa (Theveste), Stora, Qol ou Collo, Mila, Bescarra.

Province d'Alger. — Alger, Girgel, Sétiff, Zmamourah, El Qalhea, Colléah, Bélida, Schershel, Ténez, Delhys.

Province de Titteri. — Médéah.

Province de Tlemcen ou d'Oran. — Tlemcen, Mélianah, Mostaganem et Mazagran, Oran, Mascarah.

Population des villes les plus remarquables :

Constantine...	30,000	Mazagran.....	4,000
Tlemcen......	20,000	Oran.........	4,000
Mascara.......	6,000	Dschirdschel...	3,000
Melianah......	6,000	Setif..........	3,000
Mostaghanem..	4,000	Zmamourah...	3,000

Etablissemens d'instruction publique à Alger.

Le nombre d'établissemens d'instruction de tout degré existant en 1836 dans la régence était de 14, dont 11 à Alger, contenant 447 élèves, 1 à Oran, avec 62 élèves, et 2 à Bone, avec 68 ; en tout, 577 élèves.—Sur les 11 établissemens d'Alger, 4 sont gratuits ; il en est de même de l'école d'Oran et des 2 de Bone pour filles et garçons. La méthode d'enseignement mutuel est employée dans ces établissemens, où sont admis tous les enfans, sans distinction de religion et de race. A Alger, l'école mutuelle de garçons compte 50 élèves, celle des filles en a 56. L'une et l'autre sont presque en totalité composées d'enfans juifs. Une nouvelle école primaire va être ouverte incessamment au village de Kouba, situé à une lieue et demie d'Alger. Plusieurs de ces écoles datent de 1833 et 1834. Un établissement plus récent, qui n'a été ouvert qu'au mois d'avril 1835, et qui est l'une des plus importantes fondations que nous ayons aujourd'hui sur la côte africaine, est le collége d'Alger, qui compte 36 élèves, dont quelques indigènes. On y enseigne les langues anciennes, les langues française, espagnole, italienne, le dessin, la géométrie, les mathématiques, etc.

Etat comparatif des recettes realisées en Afrique depuis 1831 *jusques et y compris* 1837.

1831	1,048,479 fr.	12	centimes.
1832	1,569,108	46	
1833	2,237,154	33	
1834	2,542,660	64	
1835	2,518,521	47	
1836	2,865,384	32	
1837	3,665,603	24	

La régence d'Alger est gouvernée militairement. Les beys d'Oran et de Tittery paient un tribut au gouvernement français.

L'agriculture occupe principalement les Algériens ; l'industrie est à créer. Le monopole dont jouissait le gouvernement du dey avant la prise d'Alger par les Français, ralentissait l'action du commerce.

Le tableau des importations, qui ne s'élevait pas en 1832 à un million, s'est élevé en 1835 à plus de 16 millions ; celui des exportations, qui présentait en 1832 un total de 800,000 fr., offre en 1835 2,503,500 fr.

Les importations consistent en tissus, comestibles, vins, farines, spiritueux, huiles, légumes et autres objets de consommation. Quant aux exportations, on peut obtenir les produits de la régence et des pays de l'intérieur de l'Afrique, comme poudre d'or, peaux de lièvres et de tigres, gomme, ivoire et plumes d'autruches.

Voici quelques notes officielles sur le commerce et la navigation de l'Algérie, présentées aux chambres par le gouvernement.

Les importations étaient :

En 1834 de	8,560,236 fr.	42 c.
— 1835 de	15,778,737	39
— 1836 de	22,402,768	56
— 1837 de	33,055,246	09

Les denrées ou marchandises entrées dans la consommation en 1837 figurent au chiffre des importations pour 32,675,653 fr. 43 c., savoir :

Marchandises provenant

De France......	20,663,960 fr.	43 c.
De l'étranger....	12,011,683	08

Les importations de la France, qui, avant l'occupation et pendant les premières années qui l'ont suivie, s'élevaient à peine à la moitié des importations générales, ont été, comparativement à celles de l'étranger,

En 1835	comme	8 à 7
— 1836	—	11 à 8
— 1837	—	20 à 12

Le mouvement général de la navigation a reçu aussi un accroissement très-considérable.

Ann.	Nombre de navires			Montant des droits de navig.
	français.	algériens.	étrangers.	
1835	341	495	1,254	77,786 f. 08 c.
1836	728	834	1,047	126,356 04
1837	1,129	1,032	1,204	212,603 04

TUNIS.

Le royaume de Tunis est situé entre 31° et 37° 20' de latitude nord, et entre 5° 40' et 9° de longitude est.

Il est borné : au nord, par la Méditerranée; au sud, par le désert de Sahara ; à l'ouest, par l'Algérie, et à l'est, par la Méditerranée.

La superficie de ce royaume comprend 3,400 milles carrés.

On y trouve 3,000,000 d'habitans, dont

7,000 Turcs, 160,000 Juifs,
7,000 Chrétiens.

Le reste se compose de Berbères, Maures et Arabes.

La seule religion reconnue, est le mahométisme.

Tunis, la capitale du royaume, renferme 156 mille habitans.

Les revenus montent à 7,500,000 fr. Quelques publicistes les portent à la somme de 22,500,000 francs; ce chiffre nous paraît exagéré.

Le gouvernement, quoique absolu, est une espèce de république militaire. Le pacha reçoit, pour la forme, l'investiture du pouvoir de la Porte Ottomane, et reste sous sa protection. Le trône est héréditaire.

L'armée présente :

200 Turcs,	7,000	cavaliers irréguliers.
200 Bédouins,	3,000	— réguliers.

En cas de besoin, le bey peut appeler aux armes 50,000 Bédouins.

La marine est censée posséder 20 bâtimens avec 130 canons et 1,400 hommes d'équipage.

Les importations et les exportations du royaume ou régence de Tunis, de 1830 à 1835, ont été:

	Importations en francs.	Exportations en francs.
France	9,636,500	19,199,051
Toscane	7,240,500	3,768,483
Sardaigne	4,271,000	13,005,820
Angleterre.........	4,106,300	2,844,980
A reporter	25,254,300	38,818,334

	Importations.	Exportations.
Report	25,254,300	38.818,334
Turquie..........	4,472,000	5,909,985
Grèce.............	2,288,000	1,353,453
Autriche	1,941,000	1,002,341
Russie	1,646,000	»
Espagne...........	1,499,000	552,270
Deux-Siciles	1,468,800	1,006,084
	38,568,800	48,642,467
Terme moyen par an	1,928,440	2,432,123

TRIPOLI.

Le royaume de Tripoli est compris entre 23° 50' et 33° de latitude nord, et entre 7° 45' et 26° de longitude est.

Limites : au nord, la Méditerranée; au sud, le désert de Sahara; à l'ouest, le royaume de Tunis; et à l'est, la Méditerranée.

Etendue : 12,150 milles carrés.

La population de cet état et des provinces tributaires de Fezzan et Barka s'élève à 1,800,000 ames. Cette population se compose de Turcs, de Maures, de Berbères, d'Arabes, de Franks, de Juifs et de Nègres.

La religion mahométane est dominante.

La dynastie de Karamanli règne depuis un siècle sur cet état, dont la civilisation est le plus avancée parmi les états barbaresques.

La forme du gouvernement est une démocratie militaire. La milice turque choisit le pacha; la Porte Ottomane le confirme.

Les revenus, outre les redevances en nature et autres, montent à 770,000 fr.

L'armée présente un effectif de 3,000 hommes. On peut, au premier appel, avoir 15,000 soldats.

La marine se compose d'une frégate de 26 canons, de 12 bâtimens de transport, et de 16 chaloupes canonnières,

Tripoli compte 25,000 habitans.

EGYPTE.

L'Egypte est située entre 23° et 31° de latitude nord, et entre 25° et 33° de longitude est.

Elle est bornée : au nord, par la Méditerranée; au sud, par la Nubie; à l'ouest, par le désert de Sahara, et à l'est, par la mer Rouge.

Cette contrée présente une surface de 8,793 milles carrés, avec 2,400,000 habitans (1). Elle se divise :

(1) Dans un pays où l'on n'enregistre ni les naissances ni les décès, il est presque impossible d'assurer avec

En Basse-Egypte, qui comprend 15 départemens;

En Moyenne et Haute-Egypte, avec 11 départemens.

Les différentes classes qui composent cette population se divisent principalement comme suit:

Egyptiens, Moosleins, habitans des villes et des campagnes, environ.	1,750,000
Egyptiens chrétiens...............	160,000
Osmanlis ou Turcs...............	10,000
Syriens.....................	3,000
Grecs........................	5,000
Arméniens	2,000
Juifs.........................	5,000
Le reste consiste en Arabes, Nubiens, Nègres esclaves, Mameloucks ou esclaves blancs, femmes esclaves, Francs, etc., environ..........	70,000
	1,995,000

précision le nombre de la population: sur 2,400,000 ames, on compte 1,200,000 hommes et garçons, dont 400,000 sont propres au service militaire. De ce dernier nombre, le pacha d'Egypte en prend au moins 200,000, c'est-à-dire la moitié de la portion la plus active de la population, pour recruter et former ses armées et ses troupes régulières et pour le service de sa marine. La perte de population occasionée par l'éloignement de tant d'hommes de leurs femmes, ou la défense faite à tant d'autres de se marier pendant une période de dix annees, doit excéder un nombre de 300,000, et par conséquent, on ne peut évaluer la population actuelle qu'au-dessous de 2,000,000.

Les Arabes des déserts voisins ne sont pas compris dans cette population.

Le vice-roi d'Egypte a, en outre, dans sa possession :

1° La contrée occidentale ;
2° La contrée orientale ;
3° La Nubie, dont le pacha dépend de l'Egypte : ce pays est estimé à 4,100 milles carrés et 400,000 habitans ;
4° Le Kordofan, avec les petits oasis ;
5° Le Hedjaz ;
6° L'île Candie ;
7° Le district d'Adana en Syrie.

Toutes les possessions en Afrique présentent un total de 16,572 milles carrés et 3,585,000 habitans.
Les villes les plus importantes de l'Egypte sont :

Le Caire..............	300,000	habitans.
Alexandrie...........	40,000	
Damiette.............	20,000	
Boulak	18,000	
Mehallet-el-Kebir.....	17,000	
Rosette..............	15,000	
Synt	12,000	
Tantah...............	11,000	
Medyinet-el-Fayoum ..	10,000	
El-Akhmin...........	10,000	

Etendue des oasis.

Grand-Oasis.........	63 milles carrés.
Petit-Oasis...........	14 —
Oasis de Dakhel......	36 —
— de Farafreh	95 —
— de Syoah.......	31 —
	239

Le total de population est de 20,400 ames, ou 85 par mille carré.

Il résulte du compte-rendu de l'administration des finances, par M. Estève, pour l'année 1213 de l'hégire (1799), que le revenu de l'Egypte s'élevait alors à 35,502,851 livres tournois. Tel était l'état des choses à la fin de l'expédition française: voyons le changement qui s'est opéré dans les vingt années qui ont suivi. En 1832, le revenu de l'Egypte, tel qu'il a été constaté d'après l'utile ouvrage de M. Félix Mengin (*Histoire de l'Egypte sous Mohammed-Ali*), qui a puisé aux sources officielles, se composait ainsi, savoir :

Le myri, ou contribution foncière en argent ou en nature.................... 26,641,652 fr.

Le petit khazneh ou trésor, c'est-à dire le bénéfice sur diverses denrées, telles que le lin, la cire, le miel, les grains, etc.............. 4,200,000

Douanes diverses.............	3,115,600
Asphaltes, sel, sené, etc.......	1,094,000
Droit sur le riz et sur les dattiers........................	4,871,252
Droits sur les étoffes et divers produits industriels.............	6,186,000
Droits divers de succession, de bazars, de navigation, etc........	2,128,000
Total..........	47,988,152 fr.

En 1833, le revenu du trésor est monté à environ 63 millions. Les dépenses sont presque doublées comme les revenus, et se montent à 50 millions environ; mais l'excédant annuel des revenus, qui dépasse 12 millions, place le trésor égyptien dans une grande prospérité.

Commerce de l'Egypte pendant sept ans.

	Exportations francs	Importations francs
1830	34,613,300	31,144,000
1831	41,251,400	39,200,500
1832	30,806,000	36,783,000
1833	37,915,000	36,485,000
1834	36,048,900	53,746,500
1835	54,187,200	52,133,000
1836	55,687,000	71,817,000

Le produit dont l'exportation est le plus considérable est le coton (1). En 1831, les tableaux officiels d'exportation pour l'Europe portent la valeur du coton filé à 524,092 fr., et celle du coton en laine à 15,031,254 fr. L'indigo est compris dans les articles divers portés à 7,904,058 fr. C'est à Malte et aux îles Ioniennes que va la plus grande partie des céréales exportées ; à Trieste, en Angleterre et en France, celle du coton ; encore à Trieste, celle de l'ivoire, de l'écaille de l'encens, de la gomme, du safran, du tamarin et des drogues ; à Trieste ou à Livourne, celle des légumes et du lin. L'exportation pour l'Autriche est la plus considérable de toutes. La France ne vient qu'après la Toscane, dont la part est de très-peu inférieure à celle de l'Angleterre. Voici les chiffres : Autriche, 10,370,411 fr. ; Angleterre, 5,573,656 fr. ; Toscane, 4,798,119 fr. ; France, 4,654,787 fr. D'après ces importations, les articles les plus forts sont ceux du bois, du

---

(1) L'Egypte possède aujourd'hui plusieurs manufactures de coton ; la plus importante est située à Boulack. Une machine à vapeur destinée à mettre en jeu 300 métiers de la force de 20 chevaux, vient d'être introduite dans un etablissement sur les bords du Nil, entre Boulack et Shoubach. Non loin de cette fabrique, est un établissement pour l'impression des calicots ; un autre établissement pour l'impression des mouchoirs se trouve à Boulack. Le premier occupe 5 à 600 ouvriers, et tei t 1,000 à 1,500 pièces de toile.

7.

fer et des tissus de coton, laine et soie. C'est encore l'Autriche qui a la plus grande part dans les importations ; elle y entre pour 7,105,825 fr. ; la Toscane, pour 6,661,879 fr. ; l'Angleterre, pour 5,172,381 fr. ; et la France enfin, pour 2,225,544, toujours la dernière.

Parmi les travaux publics remarquables, dès 1818, Mohammed-Ali a fait fermer l'immense coupure opérée dans le canal d'Alexandrie par l'armée anglaise, et a tracé un nouveau canal, opération gigantesque, mais exécutée sans précision, et qu'il faudra refaire un jour. Il a fait planter les bords des canaux et les digues ; il a fait relever les chaussées ; le canal Joseph a été récemment réparé. Depuis quatre ans, trois nouveaux canaux ont été creusés dans la Basse-Egypte, c'est-à dire dans les provinces de Garbyeh, de de Bahyreh et de Charkyeh, leur longueur est de plus de 50 lieues. L'Egypte a un besoin pressant de compléter ses communications intérieures par le Nil, dans l'intérêt du commerce et de la navigation ; c'est pour cette double fin que le vice-roi a ordonné le barage du Nil à la hauteur de Bath-el-Bacarah (*le ventre de la vache*). Un ingénieur anglais a été chargé d'exécuter un chemin de fer entre Suez et le Caire; les rails sont arrivés et prêts en grande partie. Pour terminer cet aperçu succinct des voies de communication, rappelons le télégraphe qui porte à Alexandrie les nouvelles du Caire en 14 minutes. (JOMARD, de l'institut; *Coup d'œil sur l'état de l'Egypte*, broch. in-8°, 1836.)

Pour l'instruction publique on trouve, en Egypte, une école centrale où on apprend toutes les sciences humaines; une école des arts; une école militaire, et une école de médecine et de chirurgie.

Le pacha Achmet, vice-roi d'Egypte, Mehemed-Ali, né en 1769 gouverne cette province depuis le 1er avril 1806. L'administration a des formes européennes; les six ministres ont leurs départemens et composent le conseil d'état. Les gouverneurs des provinces (Nazirs), présentent des améliorations à introduire. En 1829, on a organisé les assemblées provinciales et une assemblée centrale, où l'on examine les affaires générales Les décrets du pacha ont seuls force de loi. Le système judiciaire est adapté au Coran; on a traduit en Egypte le Code Napoléon.

Armée.

Garde	13,700 h.
Dépôt des officiers	800
Artillerie	14,400
Génie	1,600
Infanterie	115.000
Cavalerie	11,500
Troupes irrégulières	26,000
Total	183,000

La marine en 1837, d'après le prince Puckler-Muskau, sous le pseudonyme Semilasso, se composait de :

Deux vaisseaux de 104 canons ; 4 de 100 canons, 1 à 96 et 1 de 83 ; total : 6 grands vaisseaux, 786 canons.

Une frégate de 64 canons, 5 de 60, de 154 ; 7 frégates, 418 canons.

Deux corvettes de 24 canons ; 2 de 22 ; 4 corvettes, 92 canons.

Trois bricks de 18 canons, 3 de 16, 1 de 14, 1 de 10 ; 8 bricks, 126 canons.

Deux bateaux à vapeur avec 2 et 4 canons.

En tout : 39 bâtimens, 1,428 canons et 15,800 hommes.

De plus 1,080 hommes sont sur les bateaux de transport ; dans les arsenaux ou dans divers établissemens, on trouve 4,500 hommes de service : total : 20,190 individus.

Les chantiers peuvent contenir 4 vaisseaux et 3 frégates.

SENNAAR.

Le royaume de Sennaar, détaché et indépendant de la Nubie jusqu'en 1821, reconnait actuellement la suprématie de la Porte-Ottomane dans son représentant le vice-roi d'Egypte.

Le Sennaar est situé au sud de la Nubie. Son

étendue présente 3,400 milles carrés. La population ne dépasse pas 1,500,000 habitans.

Le Sennaar donne un contingent militaire de 40,000 fantassins et 5,000 cavaliers.

La population de la capitale, Sennaar, est de 15,000 âmes.

ABYSSINIE.

L'empire d'Abyssinie est placé sur la limite orientale de l'Afrique, entre 9° et 15° 35' de latitude nord, et entre 33° et 41° de longitude est.

Les sources du Nil se trouvent dans les montagnes de l'Abyssinie, qui, du reste, sont peu élevées.

La surface de l'Abyssinie comprend 15,500 milles carrés, et renferme 4,500,000 habitans.

L'Abyssinie se divise en plusieurs états; les principaux sont : les royaumes de Gondar, de Tigré, de Schoa et d'Efat, de Semen, etc.

Les revenus de l'empire d'Abyssinie sont perçus et versés dans le trésor, par des receveurs qui ne sont sous aucun contrôle, et qui n'ont pour frein que leur conscience, de sorte que le montant des finances de cet état ne peut être évalué en aucune manière, tant les chiffres annuels subissent de variations.

Le contingent de l'armée de tous les états abyssiniens, est évalué à 75,000 hommes.

Les habitans de ces contrées professent, pour la plupart, et depuis long-temps, la religion catholique, mais mêlée de toutes sortes de pratiques superstitieuses.

En Abyssinie, on marie les femmes de 10 à 12 ans; les hommes à 14; la polygamie est permise. La femme garde son nom de famille — En cas de divorce, les enfans mâles appartiennent au mari, et les filles à la femme.

Le gouvernement de cet état est absolu; le système féodal entretient l'ignorance parmi les habitans, quoique cependant l'intelligence des Abyssiniens soit susceptible d'un grand développement.

SAHARA.

Le Sahara, ou Grand-Désert, est situé dans le nord de l'Afrique, au sud de l'empire de Maroc, de l'Algérie, des beylicks de Tunis et de Tripoli, et à l'ouest de l'Egypte.

SOUDAN.

Le Soudan, pays moins désert, mais aussi peu connu que le Sahara, est situé au sud de ce dernier.

Le Sahara et le Soudan comprennent ensemble 140,000 milles carrés, et sont peuplés par environ 20,000,000 d'individus qui se divisent en tribus ou peuplades nomades et sédentaires.

Les différentes peuplades du Soudan forment une foule d'états qui s'élèvent et périssent sans qu'on puisse préciser le nombre de leurs sujets, la position de leur territoire, ni qu'on puisse marquer la durée de leur existence.

Les principaux de ces états sont :

BORNOU.

Le royaume de Bornou, situé au centre de l'Afrique, dans la région des déserts, présente une surface de 16,000 milles carrés, et compte à peine 2,000,000 d'habitans.

On y trouve environ 36 villes. Birnie, sa capitale, ne renferme que 10,000 âmes ; tandis qu'Angornou et Digoa, villes du même état, renferment plus de 30,000 individus.

L'armée est estimée à 50,000 hommes.

Le roi de Bournou, un des plus puissans de l'Afrique centrale, comprend, dans son état, plusieurs cheyks et sultans, qui lui vouent la plus stricte obéissance. La religion des royaume et états de Bornou est le mahométisme : on y trouve cependant des chrétiens.

FELLATAHS.

Le pays de Fellahs ou Fellatahs s'étend à l'occident de Bornou.

L'étendue de cette contrée présente 7,000 milles carrés.

La population ne dépasse pas 2,000,000 d'âmes.

Les villes principales sont :

Sakatou................	80,000 hab.
Zariya.................	50,000
Kano....................	40,000
Baebaegie..............	25,000

Mais Katagoum, la capitale de Fellatahs, ne renferme que 8,000 habitans.

DARFOUR.

Le royame de Darfour, situé à l'ouest du Kordofan est indépendant.

La surface de Darfour présente un total de 6,120 milles carrés et de 200,000 habitans.

La force armée s'élève à environ 12,000 hommes.

BORGOU.

Le royaume de Borgou, au nord-ouest de celui de Darfour, est une réunion de plusieurs petits pays, dont les divers chefs paraissent reconnaître pour souverain-maître le sultan de Boussa. Cette capitale renferme de 10 à 12 mille habitans.

On trouve encore dans la région de Soudan le royaume de Timbouctou, le pays des Dirimans, le Banan, le Bambara, le Sangara, le Kankan, le Biron, le Kong, le Melli, le Mosi, le Tobi, le Calanna, le Dagoumbah, les pays de Kaybi et de Kayri, états dont nous ne citons que les noms, faute de données précises.

SÉNÉGAMBIE.

La Sénégambie est située entre 14° 30' et 17° 15' de latitude nord et entre 12° 30' et 18° 50' de longitude ouest.

Cet état a pour limites : au nord, les déserts de Sahara ; au sud, l'Océan atlantique et la Guinée ; à l'ouest, le même Océan, et à l'est le Soudan.

La Sénégambie comprend 55,000 milles carrés; on estime sa population à 10,000,000 d'âmes.

Parmi les états les plus importans de la Sénégambie on cite :

Le royaume de Fouta-Dhiallou, dont Timbou la capitale, renferme 8,000 habitans;

Le Fouta-Toro ou royaume du Seratik, dont

Tjilong ou Kiélogu, est considéré comme la capitale.

Après ces états, viennent :

Le royaume de Boudou situé au nord de Fouta-Toro, et qui n'est qu'un vaste désert ; le royaume de Kayor ; le pays des Yolofs, le royaume de Salomn ; le Galam, le Kassou ou Kasso, le Kaarta, le Ludamar ; les royaumes de Bambouk, de Dentilia, de Houlli et de Yani.

GUINÉE.

La Guinée occupe la plus grande partie du littoral de l'ouest de l'Afrique ; elle s'étend entre 11° de latitude nord et 16° de latitude sud, et entre 16 de longitude est et 18 de longitude est.

La Guinée est divisée en deux régions ; la première, appelée Guinée septentrionale, est située au nord de l'équateur ; la seconde région, la Guinée méridionale, s'étend au sud de l'équateur.

La Guinée comprend dans les deux régions une surface de 40,000 milles carrés et renferme une population de 10,000,000 d'ames. La force armée de la Guinée septentrionale est estimée à plus de 200,000 hommes.

L'empire d'Achanti constitue l'état le plus puissant de la partie du nord ; plusieurs royaumes mêmes se reconnaissent ses tributaires ; le Dahomey, vient après l'Achanti et s'étend à l'est de cette région. Le Dahomey est vassal de l'Yariiba, un des plus importans royaumes de la contrée.

Le Kourango, le Soulima, le Cap Monte, le Sanguin, l'Ardrah, le Benin, et le Lagos, sont des états moins importans et tributaires, ils sont situés dans le nord de la Guinée.

La région du sud, comprend également un grand nombre d'états sous vasselage et qui relèvent presque tous du Laongo et du Congo, deux puissances nationales de cette contrée. La capitale de Laongo, est Bouali ou Banza-Loango et renferme 15,000 habitans ; San-Salvador ou Banza-Congo est la ville principale du Congo.

Le Mayomba, le Ngoyo ou En-Goyo, le Sogno, sont les états les plus remarquables du Laongo ; le Malemba, l'Anziko, le Mani-Emougi ou Bomba, le pays des Moulas, le Cassange, le Cancobella, le Holo-Ho, le Hume, le Sto, le Bihé, appartiennent au Congo.

AFRIQUE AUSTRALE.

Sous le nom d'Afrique australe nous comprenons toute la région qui s'étend au sud du Soudan jusqu'à la pointe méridionale du continent africain (de la Guinée méridionale à l'ouest au littoral de l'est).

Tout ce pays, excepté les possessions de puissances européennes, comprend 163,182 milles carrés et compte environ 29,000,000 d'habitans.

L'Afrique australe se divise en Cimbébasie, au sud de la Guinée, en Hottentotie et en Cafrerie, ces contrées longent l'Afrique, du Soudan au cap de Bonne-Espérance. La partie orientale renferme, outre la Mozambique portugaise, le Zanguebar, Quiloa, Mombaza, Mélinde, Magadoxo, la côte d'Ajan et la côte d'Adel.

POSSESSIONS ENROPÉENNES
EN AFRIQUE.

La *France*, outre la régence d'Alger, possède en Afrique :

1° Dans la Sénégambie, l'île de Saint-Louis, divers comptoirs, et l'île de Gorée.

2° Dans la mer Indienne, les îles de Bourbon, de Sainte-Marie, et des comptoirs dans l'île de Madagascar.

En tout : 62 milles carrés et 50,000 habitans.

L'établissement du Sénégal prend un accroissement remarquable : on peut en juger par le mouvement commercial qui, borné de 1827 à 1835 à 5,750,000 fr. par an, terme moyen, a tellement augmenté depuis lors, qu'en 1836, le chiffre des importations et des exportations, a atteint une somme de 10,760,000 fr. La colonie vient d'augmenter les chiffres du tarif de ses contributions.

L'*Angleterre* a, en Afrique, 9,455 milles carrés et 260,000 habitans. Nous avons dénommé, à la page 94 du premier volume, les pays qui appartiennent à cette puissance: nous dirons seulement ici que les colonies anglaises s'étendent sur les côtes principales à l'est, le sud et l'ouest du continent africain, et qu'elles assurent au commerce de l'Angleterre les plus grands avantages. L'île de Sainte-Hélène, où l'empereur Napoléon finit ses jours, le 5 mai 1821, est située par 15° 55° de latitude nord, et 8° 9' de longitude ouest. Sa superficie a environ 4 milles carrés; la population ne dépasse pas 5,000 âmes.

Le climat est très-chaud dans les parties basses et très-froid sur les montagnes qui hérissent cette île. Napoléon résidait à Longwood, où l'on voit la tombe de ce grand homme.

Le *Portugal* possède 28,700 milles carrés et 683,000 habitans en Afrique.

A l'ouest, les Portugais tiennent les îles de Madère, l'archipel du cap Vert, plusieurs villes sur la côte de Sénégambie, deux îles situées dans le golfe de Guinée, celle de Principe ou du Prince, et celle de Saint-Thomas, les royaumes d'Angola et de Benguela, et quelques dépendances dans le

Congo et autres états voisins : c'est la partie la plus importante des colonies portugaises, et enfin à l'est une partie de la côte de Mozambique.

Les *possessions espagnoles* se composent de Présidios, dans l'empire de Maroc, et de diverses îles de l'archipel des Canaries.

Dans le Marocain, les Espagnols tiennent la ville de Ceuta avec sa citadelle, Alhucemas, Pénon-de-Velez, Melilla, lieux d'exil.

Parmi les îles des Canaries, la plus importante est celle de Ténériffe ; le pic Teyde s'y élève à 11,148 pieds au-dessus du niveau de la mer. L'île de Fer, appelé Hierro ou Ferro, servit jadis et sert encore aujourd'hui de point de départ au méridien pour calculer les distances astronomiques.

Toutes les possessions espagnoles embrassent 242 milles carrés et 110,000 habitans.

Les *Hollandais* n'ont que 8 milles carrés et 15,000 habitans en Afrique Depuis la perte du cap de Bonne-Espérance, la Hollande ne possède que des comptoirs ou forts dans la Guinée septentrionale. Voici leur nomenclature :

Dans le royaume d'Achanti : Antiochus, Hollandia, Orange, Akkouna, Taccorany, Saint-Sébastien ;

Dans la contrée appelée Fanti : Elmina, 15,000 âmes, Nassau, Vredenbourg, Seniah, Apam ; et dans le royaume d'Acra, Crève-Cœur.

Le *Danemarck* possède 173 milles carrés et 30,000 habitans en Afrique. Ses possessions, malgré leur peu d'importance, se distinguent par la civilisation que le gouvernement danois y fait répandre, et par la liberté dont y jouissent les habitans. Le fort Christianbourg sert de résidence au gouverneur général ; il est situé près d'Acra dans l'empire d'Achanti. Après cette place, viennent les comptoirs de Tema, Nimbo, le fort Fridensburg, Adda, Koeninstein et Beinzenstein.

Les *Américains des Etats-Unis* ont un établissement sur la côte septentrionale de Guinée. Cet établissement appelé *Libéria*, n'est habité que par des hommes libres noirs. Monrovia, ville fortifiée et port renfermant 700 habitans, des écoles, une bibliothèque publique et un journal; et Caldwell avec 600 âmes et une société d'agriculture, sont les villes les plus importantes de cette possession des Etats-Unis en Afrique. L'étendue totale de ce pays est estimée à 1,080 milles carrés et compte 130,000 habitans. Libéria est une république composée d'Africains délivrés de l'esclavage en Amérique et transportés en Afrique, dans le but de répandre dans l'intérieur de ce continent les sentimens d'humanité, l'industrie, les arts et les sciences de l'Europe. Ce but qui est déjà presque atteint en partie, malgré les attaques des peuplades qui avoisinent ce pays, commence à être apprécié par les habitans.

MADAGASCAR.

La grande île de Madagascar est située à l'extrême est-sud de l'Afrique, entre 12° et 25° 45' de latitude sud, et entre 41° 20' et 48° 5' de longitude est.

Le canal de Mozambique la sépare du continent africain.

Cette île présente une surface de 10,500 milles carrés, et de 4,500,000 habitans.

Ce royaume, qui ne fut formé en état que vers le dix-neuvième siècle, est composé de plusieurs principautés dont les souverains ont été soumis par Radama, chef des Ovas. Ce chef ou roi y introduisit la civilisation européenne. Les écoles, l'administration et l'armée ont pris la forme des institutions européennes. La mort de ce réformateur, assassiné en 1828, a replongé Madagascar dans de nouveaux désordres.

Tanariva, la capitale de ce royaume, compte 50,000 habitans, et renferme plusieurs édifices remarquables, surtout le mausolée de Radama. Les missionnaires anglais y ont fondé des écoles primaires et une imprimerie qui a doté le pays d'une Bible dans la langue de Madagascar.

COMORES.

Le groupe des îles de Comores est situé au nord de Madagascar, et ne présente que 70 milles carrés et 50,000 habitans.

Ces îles, jadis très-florissantes, sont maintenant dévastées par les brigandages des Seclaves, etc., qui les dépeuplent continuellement. Elles se divisent en quatre états : Anjouan, Machadou, Comor et Mebilla.

TRISTAN ACUNHA.

Outre ces deux groupes d'îles, on compte dans l'Afrique indépendante les îles de Tristan Acunha, situées à l'ouest-sud du cap de Bonne-Espérance, et qui, déduction faite des colonies anglaises, présentent 30 milles carrés et 300 habitans.

Les autres petites îles ont une surface de 30 milles carrés, et renferment à peine 1,000 habitans.

Tableau statistique des principaux états de l'Afrique.

Etats.	Etendue en mil. car.	Population	
		absolue.	relative.
Maroc.............	13,714	8,500,000	620
Algérie............	4,218	3,520,000	834
Tunis.............	3,400	3,000,000	882
Tripoli............	12,150	1,800,000	148
Egypte............	8,793	2,400,000	273

Etats.	Etendue en mil. car.	Population absolue.	Population relative.
Sennaar...........	5,400	1,500,000	277
Abyssinie	15,390	4,500,000	228
Sahara et Soudan...	140,000	20,000,000	143
Bornou...........	16,000	2,000,000	124
Fellatahs..........	7,000	2,000,000	286
Darfour...........	6,120	200,000	32
Sénégambie........	55,000	10,000,000	1,832
Guinée............	40,000	10,000,000	250
Afrique australe....	163,182	29,000,000	116
Ile Madagascar.....	10,500	4,500,000	429
— Comores........	70	50,000	714
— Tristan Acunha..	30	300	10
Autres petites îles...	30	1,000	30
Posses. européennes.	39,502	1,186,000	38

AMÉRIQUE.

AMÉRIQUE.

Position. — L'Amérique ou Nouveau-Monde est une des cinq parties du monde, située entre 26° et 170° de longitude occidentale, et entre 71° de latitude boréale, et 54° de latitude australe, est bornée au nord par l'Océan arctique ou glacial-boréal ; au sud, par l'Océan austral ; à l'ouest, par le Grand-Ocean et la mer de Behring ; enfin, à l'est, par l'Océan atlantique.

Division. — L'Amérique est divisée en deux grandes péninsules (celle de l'Amérique septentrionale et celle de l'Amérique méridionale) liées entre elles par l'isthme de Panama.

Ces deux régions embrassent, avec les îles, 688,250 milles carrés, et leur population, en 1836, fut évaluée à plus de 44 millions d'âmes, ou 62 habitans par mille carré.

L'Amérique septentrionale comprend les pays suivans :

Islande et Groenland,	Etats-Unis,
Nouvelle-Bretagne,	Mexique,
Amérique-Russe,	Guatemala.

L'archipel des Antilles appartient à cette partie.

L'Amérique méridionale renferme :

A l'Ouest.	A l'Est.
Colombie,	Guyane,
Pérou,	Brésil,
Bolivie,	Paraguay.
Rio de la Plata,	Urugay.
Chili,	
Patagonie.	

Aspect du pays, sol et productions. — Un pays qui s'étend sur plus de 150 degrés de latitude et 153 de longitude, ne peut qu'offrir une variété remarquable. Au nord, sont des baies et de vastes lacs, et à l'est s'élèvent de hautes montagnes. Au milieu, la mer Atlantique rencontre presque l'Océan pacifique à l'endroit où l'isthme de Panama ou Darien joint les deux grands continens de l'Amérique du nord et de l'Amérique du sud (1) ; et au milieu est placé l'archipel appelé les Antilles ou Indes-Occidentales. L'Amérique du sud étonne par la hardiesse et la grandeur de ses proportions ; elle est surtout remarquable par ses vastes rivières et ses chaînes de montagnes d'une hauteur prodigieuse.

Un continent aussi vaste doit naturellement être varié dans son sol et ses productions. Le sol est entièrement nu aux extrémités nord et sud de l'Amérique ; mais, au centre, on trouve les plus riches métaux, des minéraux , des plantes médicinales, des fruits et des arbres, dont la plupart sont inconnus ailleurs.

(1) Voir page 103.

Il produit en grande abondance des diamans, des émeraudes, des améthystes, et autres pierres précieuses; en outre, beaucoup d'autres objets d'un prix inférieur mais d'une plus grande utilité ; tels que la cochenille, l'indigo, le salpêtre, le campêche, l'acajou et autres bois précieux ; ainsi que du piment, du riz, du gingembre, du coton, des baumes utiles en médecine, du quinquina, du mechoachan, du sassafras, du tamarin, de la casse, du tabac, de l'ambre, des fourrures, et beaucoup de racines et de plantes importantes.

L'Amérique est extrêmement favorable aux différentes classes de quadrupèdes; les oiseaux y sont nombreux, et beaucoup d'entre eux sont remarquables par la beaute de leur plumage. Les mers, les lacs et les rivières se distinguent par la variété et la multitude de leurs poissons. Les insectes et les reptiles y sont en grande abondance.

Nous nous bornons ici à indiquer les principaux produits du continent américain ; on ne peut préciser tous les produits que peut offrir un pays qui possède de vastes solitudes, des contrées encore vierges; nous nous proposons néanmoins, dans la description particulière de chaque état, de donner quelques notes sur ses richesses naturelles, son industrie et son commerce.

Mers. — Les grandes coupures des côtes de l'Amérique forment plusieurs mers; telles sont : la mer Polaire, la mer de Baffin, la mer de Hudson, au nord; la mer des Antilles, au centre.

Golfes. — Le golfe de Saint Laurent, entre Terre-Neuve et le Canada; le golfe de Californie, à l'ouest de la Nouvelle-Espagne, et le golfe de Mexique, entre la Floride, l'Yucatan et l'île de Cuba; le dernier est remarquable comme la source du Gulf-Stream, vaste courant formé par les vents alizés ; il a son issue entre la Floride et Cuba, et coule dans la direction de nord-ouest, le long de la côte de l'Amérique septentrionale jusqu'à Terre-Neuve, et en tournant au sud-est; il perd graduellement sa force vers les côtes d'Afrique.

Détroits. — Au nord celui de Davis et de Hudson ; à l'ouest, celui de Béring, entre l'Amérique et l'Asie ; et au sud, ceux de Magellan et de Lemaire.

Baies.— Celles de Baffin, de Hudson et de St.-Laurent dans les possessions anglaises ; celles de Delaware et de Chesapeake dans les États-Unis ; celles de Campêche et de Honduras dans le golfe du Mexique ; celle de Tous les Saints sur la côte du Brésil; celles de l'Assomption, de St.-Mathias et de St.-George sur la côte de Patagonie; la baie de Panama, au sud de l'Isthme du même nom celle de Tecoantepec, au sud de la province de Mexique, et celle de Nootka-sound sur la côte nord-ouest.

Lacs. — Les lacs les plus remarquables de l'Amérique septentrionale sont le lac Esclave et le lac Athapescon sur le territoire indien ; le Winnipec au sud de la Nouvelle Galles méridionale ; le Mistassins et le Atcbikonnipi dans la Nouvelle Bretagne ; le lac Supérieur, les lacs Huron, Eriè, Ontario, entre le Canada et les États-Unis ; les lacs Michigan et Champlain dans cette dernière contrée. Les lacs de l'Amérique méridionale sont nombreux, mais n'ont rien de remarquable.

Rivières. — L'Amérique du nord et celle du sud sont mieux arrosées qu'aucune autre partie du monde. Dans la première, les lacs du Canada donnent naissance au fleuve St.-Laurent, qui coule au nord-est, reçoit dans son cours un grand nombre de ruisseaux tributaires, et se décharge lui-même dans le golfe du même nom. Le Mississipi prend sa source près des lacs, et en y comprenant ses circuits, parcourt une étendue de plus de 300 milles avant d'arriver au golfe du Mexique ; il reçoit les eaux du Missouri, de l'Ohio, de l'Arkansas, de la rivière Rouge et de beaucoup d'autres. La partie orientale de l'Amérique septentrionale outre les rivières considérables de Hudson, de Delaware, de Susquehannah et de Potomac, en possède plusieurs autres très profondes, d'une grande étendue, et commode pour la navigation. La rivière de Colombie, à l'ouest, est un fleuve magnifique, on peut en dire autant du Rio del Norte qui tombe dans le golfe du Mexique.

Dans l'Amérique du sud, le fleuve des Amazonés ou Maranon est le plus considérable du monde; il prend sa source au Pérou, non loin de l'Océan et coulant à l'est, tombe dans la mer Atlantique après un cours de plus de 734 milles; ce fleuve reçoit sur son passage le tribut d'un grand nombre de rivières vastes et navigables. La rivière de la Plata prend sa source au centre de cette contrée, et se grossissant d'un grand nombre de rivières se décharge dans l'Océan atlantique méridional avec une telle impetuosité que la fraîcheur des eaux se fait sentir à plusieurs lieues de la terre. Outre ces rivières il y en a encore beaucoup de très-considérables dans l'Amérique du sud, la principale est l'Orénoque.

Longueur des principaux fleuves de l'Amerique.

	Lieues.	Milles.
L'Amazone....	1,520	734
Le Missouri....	850	510
Le Paraguay...	660	496
Rio de la Plata.	767	460
Le S.-Laurent..	640	566
La Colombie...	600	560
Le Tocantin...	550	550
Rio del Norte..	550	550
Le Mississipi...	500	500
L'Orénoque....	460	296
Le St.-François.	425	255
La Madeleine...	500	180
Le Colloredo...	250	150
Le Potomac....	190	114
Le Nelson.....	150	90
La Herne......	100	60

Le canal qui doit joindre l'Océan pacifique à l'Atlantique aura 225 milles anglais (69 1/2 au degré) de longueur. Ce canal est en construction. Voici quelle doit être la ligne suivie par cette communication. De l'embouchure du fleuve St.-Jean de Nicaragua, (latitude 10° 58' N.), en suivant son cours jusqu'au lac du même nom, (distance 150 milles). De là à travers ce lac, et jusqu'à la cité de Nicaragua, (distance de 79 milles). Et enfin de cette ville à Porietto, dans le golfe de Papagayo, (latitude 11° 50' N. distance de 16 milles).

Iles. — Les îles qui entourent de tous côtés les deux continens de l'Amérique, peuvent être classées comme il suit :

L'Archipel arctique dans l'Océan du même nom, comprend le grand groupe du Groënland, l'Islande et l'île de Jean Mayen, qui forment les îles danoises ou orientales; le Devon septentrional, la Géorgie septentrionale (Cornwallis, Bathurst, Melville, etc.), l'archipel de Baffin-Parry, où l'on trouve les îles Cockburn, Southampton, Mansfield, le nouveau Galloway, etc., qui forment les îles anglaises ou occidentales

Dans l'Océan atlantique, on rencontre l'archipel de Terre Neuve ou du Saint-Laurent, qui appartient à l'Amérique anglaise, l'archipel de Bermudez, celui des Antilles, les îles Malouines ou l'archipel de Falkland.

L'Océan austral comprend l'archipel de Magellan ou Terre-de-Feu, l'archipel antarctique qui embrasse l'île Saint-Pierre ou Géorgie australe, le petit archipel de Sandwich, les Orcades australes, le Shetland austral, la Terre de la Trinité, les îles d'Alexandre 1er et de Paul 1er situées presque sous le 70e degré de latitude méridionale; — la dernière île est la terre la plus méridionale du globe que l'on connaisse.

Dans le Grand-Océan, on remarque: l'archipel patagonien; ceux de Chonos, de Chiloé; le petit groupe de Juan-Fernandez; celui de St.-Ambroise; l'île de Puna; l'archipel Gallopagos, sous la ligne équinoxiale; les îles aux Perles, dans le golfe de Panama; le groupe de Revilla-Gigedo; les îles Cerralbo, San-José, Carmen, San-Francisco, Tiburon, Santa Ines, San Ignacio, dans le golfe de Californie; l'archipel de Quadra et Vancouver, à l'ouest des États-Unis; le groupe de Kodiak, l'archipel des Aleoutes, le groupe de Prileylov et la grande île de Nounivok, dans l'Amérique russe.

Montagnes. — Dans l'Amérique septentrionale, les plus hautes montagnes sont les montagnes rocheuses au nord-ouest; les montagnes de la Californie, et les vastes montagnes situées sur la plateforme du Mexique, à l'ouest et à l'est; la grande chaîne des monts Alleghany qui s'étendent depuis le Canada jusqu'à Alabama. Mais, dans l'Amérique méridionale, les Andes sont les monts les plus étonnans par leur étendue et leur hauteur. Ils traversent, depuis l'isthme de Panama, toute la longeur du continent jusqu'au détroit de Magellan, dans une étendue qui n'a pas moins de 675 milles, et quoique placés en partie sous la zône torride, la plupart de leurs sommets sont continuellement couverts de neige. Le Chimborazo, montagne la plus élevée de cette chaîne, à 20,400 pieds au-dessus du niveau de la mer, et environ 240 pieds à partir du sommet, il est toujours revêtu de neige.

Voici le tableau des points culminans des huit systèmes de montagnes de l'Amérique :

Système arctique.

Montagnes.	Pays.	Hauteur en toises
Cornes du Cerf....	Groenland.........	1,300
Oerafe Joekull.....	Islande	1,040
Beerenberg	Ile de Jean Mayen..	1,070

Système allegheniem.

Mont Ocoutch......	Bas-Canada........	312
Mont Washington ..	New-Hampshire....	1,040
Mont Otter	Virginie	664

Système missouri-mexicain.

Mont Saint-Elie	Amérique russe	2,793
Mont-Beautemps ...	id.	2,304
Ajagedan	Iles Aléoutes.......	1,175
Pic Espagnol.......	Mexique............	1,750
Sierra Nevada......	id.	2,456
Volcan de Puebla ..	id.	2,771
Volcan d'Agua.....	Guatemala	2,330

Système antillien.

Le Mont Potrillo....	Cuba..............	1,400
Anton-Sepo........	Haiti..............	1,400
Montagnes Bleues...	Jamaique..........	1,138
La Soufrière........	Guadeloupe......	778
Le Piton du Carbet..	Martinique........	619

Système de la Parime ou de la Guyane.

Le Pic de Duida....	Guyane...........	1,300

Système brésilien.

Le Mont Itacolumi..	Brésil.............	950
La Serra Arasolaba..	id.	640
La Serra Marcella...	id.	300

Système des andes.

Nevados de la Sierra de Merida........	Colombie.........	3,000
Chimborazo........	Pérou............	3 350
Cayambé...........	id.	3,070
Descabezado........	Chili..............	3,300
Corcovado.........	Patagonie.........	1,950
Pic de Cuptana.....	Ile de Chonos.....	1,500
Chiloë.............	Chiloë............	1,000

Système antarctique.

Le Pic de l'île James..................		900

Principaux plateaux de l'Amérique.

Le plateau	alleghenien de...	180	à	500 toises.
—	missouri - colombien..........	350		550
—	du Mexique......	600		1,200
—	de la Guyane....	200		400
—	colombien.......	800		1,500
—	péruvien........	600		1,400
—	central de l'Amérique du Sud..	100		200
—	brésilien.........	160		200

Volcans. — L'Amérique a un grand nombre de volcans, et compte parmi eux les montagnes ignivomes les plus terribles et les plus élevées de tout le globe. Les monts ignivomes les plus remarquables sont : l'Antivana, le Cotopaxi, le Sanguay et le Pichincha, dans le département colombien de l'Equateur ; les volcans de Pasto, de Sotara et de Purace, dans celui du Cauca ; le Guaga-Plitina, ou volcan d'Arequipa, et le Ichamay, dans la république du Pérou ; les volcans de Copiuco, de Chilan, d'Aptoca et de Peteroa, dans la république du Chili ; les volcans de Soconusco, de Guatemala et de Fuego, d'Agua, de Pacaya, de San Salvador, de Granada, de Telica près de Saint-Léon, de Nicaragua, dans la Guatemala ; le Popocatepetl ou volcan de la Puebla, le Citlatepetl ou volcan d'Orizaba, le volcan de Colima et celui de Xorullo dans le Mexique ; le volcan de Saint-Elie, celui de Beau-Temps, les deux volcans de la péninsule d'Alaska et ceux des îles aleoutiennes Unimak, Tanaga, Umnak et Unlalachka, dans l'Amérique russe. Le Krabla, le Leirhnukr, l'Oerafe-Joekul, le Kotlugiaa, le Skaptafello-Joekul et l'Hécla, dans l'Islande. Le volcan Esk, dans l'île de Jean Mayen, est la montagne ignivome connue la plus boréale du Nouveau-Monde; le volcan de Saint-Vincent est le plus terrible dans les Antilles, et le volcan de Saint-Bridgmann, dans le Shetland austral, est le mont ignivome reconnu comme le plus austral de tout le globe, et en même temps comme le plus bas de tous les volcans connus. Le volcan de l'Antisana, dans les Andes, est le plus haut; ainsi l'Amérique est la partie du monde où se trouve le volcan le plus haut et le volcan le plus bas.

Vallées. —L'Amérique du Sud offre plusieurs vallées très-remarquables par la grande hauteur de leurs berges, malgré l'élévation de leur sol. On doit surtout mentionner les vallées de la Cauca, du Magdalena et du Quito dans la Colombie; du Tunguragua ou du haut nouveau Maragnon et du Jauja, dans le Pérou, le superbe bassin du lac Titicaca, la vallée du Saint-François dans le Brésil, la vallée du Rio del Norte ou du Nouveau-Mexique.

Pour donner quelques exemples d'étendue, nous citerons: près de Quito, la vallée de Chota, qui a 804 toises, et, au Pérou, celles du Rio-Catacu qui en a plus de 700 de profondeur perpendiculaire, quoique cependant leur fond reste encore élevé d'un nombre égal de toises au-dessus de la mer.

Plaines. — Le nouveau continent offre les plaines les plus vastes du monde connu, l'espace immense qui s'étend depuis l'embouchure de Mackenzie jusqu'au Delta du Mississipi, et entre la chaîne centrale du système missouri-mexicain et les chaînes principales du système alleghenien est la plus vaste plaine de l'Amérique. Cette plaine, que M. Balbi nomme plaine mississipi-makenzie, embrasse les bassins du Mississipi, du Saint-Laurent, du Nelson et du Churchil, presque tout le bassin du Missouri, une grande partie des bassins du Saskakhawan et du Mackenzie, et enfin tout celui de la Coppermine.

L'Amazone, ainsi nommé d'un grand fleuve qui la traverse, est la seconde plaine de l'Amérique; elle comprend toute la partie centrale de l'Amérique du sud, étendant son domaine sur plus de la moitié de l'empire brésilien, sur le sud-ouest de la Colombie, sur la partie orientale du Pérou et sur la partie septentrionale de la Bolivie; ses limites sont presque identiques à celles des parties moyennes et basses de l'immense bassin de l'Amazone et de celui de Rio-Tocantin. Vient ensuite la plaine du Rio-de-la-Plata, qui s'étend entre les Andes et leurs branches principales, les montagnes du Brésil, l'Atlantique et le détroit de

Magellan. Enfin la plaine du Guaviare-Orénoco, qui comprend les Llanos de la Nouvelle-Grenade et de Venuzuela, dans la Colombie. Suivant M. de Humboldt, les palmiers et des baubousacees (ludolfia, miega), croissent à une des extrémités de la plaine de missipi-mackenzie, tandis que l'autre extrémité est, pendant une grande partie de l'année, couverte de glaces et de neiges. Ce savant voyageur estime la superficie de ce territoire à 270,000 milles maritimes carrés ou 169,075 milles de 15 au degré ; étendue qui est presque égale à celle de toute l'Europe. La plaine Amazone dont le climat est chaud et humide, présente, dans ses immenses forêts, une force de végétation à laquelle rien ne saurait être comparé sur les autres continens. La superficie de cette plaine est évaluée à 260,000 lieues carrées ou 94,800 milles. Les deux autres plaines du Guaviare-Orénoco et du Rio-de-la-Plata diffèrent beaucoup de l'Amazone, qu'elles cernent au nord et au sud, en ce qu'elles manquent d'arbres et que d'innombrables graminées couvrent leur vaste surface, comme les savanes obstruent les prairies du Mississipi-Mackenzie. La superficie de la plaine du Rio-de-la-Plata est d'à-peu près 135,000 lieues carrées ou 48,600 milles, et celle de Guaviare-Orénoco de 29,000 lieues, ou 10,440 milles.

Déserts. — L'Amérique a des déserts comparables à ceux de l'Afrique et de l'Asie pour l'aridité de leur sol et pour le sable qui les recouvre. Les plus remarquables sont : l'Atacama qui s'étend, avec quelques interruptions, depuis Tarapaca, dans le Pérou, jusqu'aux environs de Copiapo dans le Chili ; ce désert renferme par conséquent la bande étroite de pays que la Bolivie possède sur le Grand-Océan. Le désert de Sechura, beaucoup plus petit que l'Acatama, occupe une partie considérable de la côte du département péruvien de Truxillo. Le désert de Pernambuco, plus étendu, s'étend sur la partie du plateau du nord-est du Brésil, ce désert de sables mouvans est cependant semé de quelques oasis couvertes d'une belle végétation.

Solitudes. — L'Amérique renferme les plus grandes solitudes du globe ; ces solitudes forment partie des vastes plaines dont nous avons parlé plus haut, ainsi que des terres arctiques et antarctiques. Cest dans cette classe des solitudes qu'il convient de ranger le prétendu désert du Nuttal, remarquable surtout par le passage de plusieurs grandes rivières, par ses riches mines de sel gemme et par sa situation élevée. Le Nuttal s'étend au pied de la Cordillière missouri-columbienne, (montagnes rocheuses), entre l'Arkansas supérieur et le Paduca, et forme partie du grand plateau central de l'Amérique du nord.

Climat. — La variété du climat égale celle du pays ; il embrasse les cinq zônes, et par conséquent éprouve toutes les vicissitudes de température qui existent dans le monde. En général, sur la côte orientale, dans les latitudes moyennes et dans les plus élevées, le climat est plus tempéré qu'à l'est ; mais, à quelques exceptions près, l'air, dans toute son étendue est pur et salubre.

La proximité des mers, les grands lacs, les grandes vallées ouvertes aux vents du nord, rendent la température de l'Amerique septentrionale plus basse de 10 degrés que celle de l'Ancien-Continent. Le plus grand froid de la baie de Hudson, est 47 degrés. Les glaces de cette baie ont parfois 70 pieds d'épaisseur. Souvent à un froid rigoureux succèdent de grandes chaleurs ; mais il arrive aussi qu'au milieu de l'été, on passe rapidement de la température la plus élevée au degré où commence la congélation de l'eau. — La partie septentrionale est inondée de pluies très-fréquentes dont il est difficile de préciser l'époque et la durée ; près de l'Equateur, ces pluies sont périodiques. Le versant ouest des Andes éprouve une sécheresse presque continue ; le sol n'y est arrosé que par des ruisseaux qui s'échappent des flancs de ces montagnes ; à l'est de ces mêmes Andes, les plaines reçoivent d'abondantes ondées. Au nord de l'Equateur, les pluies durent depuis le mois d'avril jusqu'au mois de septembre ; au sud de la ligne, les pluies commencent en octobre et finissent dans le courant de mars.

Température moyenne de quelques points de l'Amérique :

Noms.	Latitude.	Deg. Réaumur.
Québec........	46° 47'	5° 8'
Iles Malouines..	51° 25'	8° 3'
Philadelphie ...	39° 56'	11° 9'
New-York	40° 40'	12° 1'
Cincinnati	39° 6'	12° 1'
Vera-Cruz	19° 11'	25° 4'
Havana........	23° 10'	25° 6'

M. de Humboldt fait les observations suivantes sur le climat de l'Amérique : « Le peu de largeur de ce continent, et son prolongement vers les pôles glacés ; l'Océan dont la surface non-interrompue est balayée par les vents alisés ; des courans d'eau très-froide qui se portent du détroit de Magellan au Pérou ; de nombreuses chaînes de montagues remplies de sources, et dont les sommets couverts de neiges s'élèvent bien au-dessus de la région des nuages ; l'abondance des fleuves immenses qui, après des détours multipliés, vont toujours chercher les côtes les plus lointaines ; des déserts en général non sablonneux, et par conséquent moins susceptibles de s'imprégner de chaleur ; des forêts impénetrables qui couvrent les plaines de l'Équateur remplies de rivières, et qui, dans les parties du pays les plus éloignées de l'Océan et des montagnes, donnent naissance à des masses énormes d'eau qu'elles ont aspirées, ou qui se forment par l'acte de la végétation : toutes ces causes produisent, dans les parties basses de l'Amérique, un climat qui constraste singulièrement, par sa fraîcheur et son humidité, avec celui de l'Afrique. C'est à ces causes seules qu'il faut attribuer cette végétation si forte, si abondante, si riche en sucs, et ce feuillage si épais, qui est le caractère particulier du Nouveau-Continent. »

Nous terminerons cet aperçu sur le climat de l'Amérique par les remarques de M. Balbi : « On peut dire, soutient ce savant, que généralement toutes les contrées situées au-delà du 50e parallèles sud et nord sont froides et ont un sol impropre à la culture des grains d'Europe. Le Groënland, l'Islande, l'Amérique russe, à l'exception des contrées abritées par la chaîne maritime, presque toute l'Amérique septentrionale anglaise, ainsi que l'extrémité de la Patagonie, l'archipel des Malouines et les terres antarctiques appartiennent à cette classe de pays. Les régions élevées de la zône torride et les plaines des deux zônes tempérées sont favorables, jusqu'à un certain point, à la culture des céréales de l'Europe, et même à celle de ses fruits. Les contrées chaudes de la zône torride étalent les plus précieuses productions du règne végétal avec une étonnante profusion. » Nous ajouterons qu'en général les côtes des contrées équatoriales, et même celles des pays situés à des latitudes encore plus élevées, sont malsaines ; ainsi les côtes qui bordent la mer des Antilles et la côte des État-Unis, sur l'Atlantique, jusqu'au delà du 40e degré, sont sujettes à la fièvre jaune, qui y fait souvent d'horribles ravages.

Population. — Les habitans de l'Amérique se composent en plus grand nombre de la race européenne, qui, par des migrations incessantes du trop plein de sa population, est venue envahir le Nouveau-Monde, défricher ses forêts et, tant par son argent que par la force de ses armes, gagne incessamment du terrain sur la race indigène des Indiens. Une autre portion considérable de la population consiste en nègres qui, enlevés au sol de l'Afrique par la cupidité des colonistes européens et tenus par leur politique odieuse dans un état voisin de la brute, deviendront tôt ou tard les maîtres d'une grande partie du Nouveau-Continent comme déjà ils sont les souverains de la plus riche des Antilles, l'île de Haïti.

Voici des chiffres de la population américaine pour 1830.

Blancs, Européens, Créoles.....	15,777,672
Indiens ou hommes de couleur libres..............	15,518,571
Nègres et Mesticos esclaves . . .	6,550,155

Les peuplades indigènes forment plus de 50 nations qui se divisent en une infinité de familles. Plus de 438 langues d'où ressortent au moins 2,000 dialectes sont parlées par ces diverses populations.

Religion. — Presque tous les habitans de l'Amérique professent le Christianisme depuis l'établissement des Européens dans cette vaste partie du monde ; un grand nombre de petites nations cependant presque toutes indépendantes, mais dont l'ensemble forme à peine un trentième de la population totale, sont en proie aux extravagances du Fétichisme le plus absurde, ou des systèmes religieux qui semblent se rapprocher du Sabéisme ou du Dualisme.

Gouvernement. — La forme du gouvernement dans presque tous les états de l'Amérique est républicaine ; l'empire du Brésil et les possessions des puissances européennes font seules exception.

Dans la description particulière de chaque état, nous parlerons de son organisation politique, de sa civilisation, de son industrie, de son commerce et de ses ressources spéciales.

AMÉRIQUE DANOISE.

Les possessions danoises gisent entre 17° et 78° de longitude ouest, et entre 59° et 76° de latitude nord. Cette position comprend seulement le Groënland et l'Islande, qui sont estimés avoir 3,059 milles carrés d'étendue et 61,300 habitans. Le Danemarck possède en outre dans les Antilles, les îles de Sainte-Croix, de Saint-Thomas et de Saint-Jean, dont la superficie ensemble est évaluée à 8 milles carrés et 46,[illegible]00 habitans.

Total des possessions danoises dans l'Amérique, 3,067 milles carrés avec 107,600 habitans.

L'Amérique danoise, dans sa partie boréale, n'offre que des contrées affreuses et de vastes solitudes. Aucune production, si ce n'est quelques mousses; aucune industrie, aucun commerce ne distingue les peuples qui les habitent. Les Européens y vont pêcher des loups et des chiens de mer et des veaux marins. La pêche de la baleine dans ces contrées, est l'objet d'armemens considérables sur les deux continens.

Julianeshaus, dans le Groënland, est l'établissement principal des Danois dans ces contrées. Cette île compte 2,000 habitans. Reikiavik, en Islande, possede 500 ames.

Les Antilles danoises sont situées à l'est de Porto-Rico et appartiennent aux îles vierges. Leur sol, très-fertile, produit le tabac, le coton et le sucre. Les îles de Saint-Thomas et de Saint Jean exportent annuellement pour plus de 2,670,000 francs. Les exportations de Sainte-Croix dépassent 10,500,000 francs. La valeur des propriétés, tant publiques que particulières, dans ces trois îles, est estimée à 120,361,000 francs, dont 88,216,000 francs à Sainte-Croix, 18,695,000 à Saint-Thomas et 13,450,000 à Saint-Jean.

La population se compose de 5,000 blancs Européens et créoles; de 3,000 hommes de couleur libres, et de 38,290 nègres esclaves.

La ville de Saint-Thomas, dans l'île du même nom, est un port franc et peut être considérée comme une des principales places commerçantes des Antilles. Elle possède 3,000 habitans; son port peut contenir 200 vaisseaux. Christianstad, capitale des Antilles danoises, compte 5,000 habitans; elle est belle et régulièrement bâtie.

Le luthérianisme est le culte dominant de ces îles.

AMÉRIQUE RUSSE.

La Russie possède en Amérique le pays qui s'étend entre 133° et 170° de longitude ouest, et entre 54° 40' et 71° de latitude nord. Il est bordé au nord par l'Océan arctique; au sud, par le Grand-Océan; à l'ouest, par le même océan, la mer et le détroit de Behring et l'Océan arctique.

Cette contrée comprend 17,500 milles carrés et 60,000 habitans, dont à peine 2,000 sont sujets du tzar, le reste se compose d'Indiens libres.

Le pays se divise en sept provinces de la terre-ferme et en quatre groupes d'îles.

La population de toutes ces provinces et îles se compose :

1° De Koljoushes et Ugataschmiates de la race

indienne .... 22,000 individus.

2° De Tschugatsches, Kenaizes, Tchuktsches et Kitegues, de la race des Esquimaux. 36,000

3° De Russes et Aléoutiens. 2,000

Une partie de cette population appartient au culte chrétien russe, et l'autre partie au culte chamanique.

Novo-Aιkhanghelsk, port de mer situé dans l'île de Sitka, sous le 57° de l atitude nord, est la capitale de cette contrée; ι « compte à peine 1,200 habitans. Les Russcs possèdent en tout 8 forts et 12 comptoirs.

La ville de Bodego, sur la côte de Californie, sert d'entrepôt au commerce russe.

Les côtes et les îles qui bordent l'Amérique russe sont la propriété d'une compagnie de marchands russes, à qui le tzar a cédé cette vaste contrée. Les Indiens de l'intérieur sont chasseurs et apportent aux Russes les belles pelleteries qui sont la seule richesse et le seul commerce de ce pays.

Le froid excède rarement 15 degrés, sur les côtes habitées, mais il règne continuellement des pluies et des brouillards fort épais.

Le sol est en général très-rocailleux. Les rochers sont couverts de mousse et les sapins et les mélèses y croissent en telle quantité que le pays entier ressemble à une forêt impénétrable. Le territoire est dépourvu de vivres, quoiqu'il pût cependant en produire, mais l'agriculture y est nulle ; le blé n'y est même pas cultivé ; les colons ne récoltent que des pommes de terre et des carottes, encore n'est-ce que sur quelques terrains de la côte. Les pâturages y manquent tout-à fait, et il n'y a, par conséquent, ni bêtes a cornes, ni moutons, ni chevaux. Le pain et la viande y sont apportés par mer, particulièrement du comptoir russe de Bodego en Californie, qui est éloigné de 180 milles ou 300 lieues. Les indigenes établis sur la côte ne se nourrissent que de poissons et de quelques racines.

Ces insulaires sont nus pour la plupart, même par le froid de 6 degrés et plus ; cependant quelques-uns se couvrent de vêtemens faits de fourrures précieuses, de loutres, de zibelines et de renards. Ils se baignent presque chaque jour dans la mer, et se peignent le visage en rouge, en vert, de noir et de vert, et se garnissent la tête de petites plumes blanches d'oiseaux ; quelques femmes, pour se distinguer, se fendent la lèvre inférieure, et passent dans l'ouverture un morceau de bois qui fait pendre la lèvre et lui donne quelquefois une longueur considérable ; plus la lèvre est longue, plus la femme passe pour belle.

AMÉRIQUE ANGLAISE.

Les possessions anglaises dans le nord de l'Amérique, sont ce qu'on appelle Nouvelle-Bretagne, et se trouvent comprises entre 55° et 142° de longitude ouest, et entre 42° et 78° de latitude nord.

Ces possessions se composent 1° des deux Canadas, de la Nouvelle-Ecosse, du Nouveau-Brunswick, de la Terre-Neuve, du Cap-Breton, de l'île du Prince-Edward.

L'Angleterre possède le plus grand nombre des îles dans les Antilles, dont les plus importantes sont la Jamaïque, l'archipel de Lucayes ou Bahama, Antigue, Saint-Christophe, etc.

Le sol de la Nouvelle Bretagne ne produit que des blés, des fruits et des légumes ; l'île de Terre-Neuve est couverte de vastes forêts de pins ; l'industrie consiste principalement en construction de navires, en armemens pour la pêche et en commerce maritime. Les pelleteries et le bois de construction sont les principaux objets d'exportation; les marchandises des manufactures anglaises et des Etats-Unis approvisionnent ces contrées. Le banc de Terre-Neuve est particulièrement renommé pour l'importance de la pêche de la morue et de la baleine ; toutes les marines de l'Europe y envoient des vaisseaux. La population de cette île est d'au plus 861 habitans tous pêcheurs.

Les Antilles anglaises produisent le sucre, le cacao, le café, le gingembre. Le rhum de la Jamaïque a une grande réputation. (Voir les Antilles).

Au nord-est de l'Amérique méridionale, l'Angleterre possède, depuis 1804, une partie de la Guyane qui se compose des trois districts de Démérary, d'Esséquibo et de Berbice.

A toutes ces possessions, il faut encore ajouter le comptoir d'Opparo, dans l'île des Etats, à la pointe sud de l'Amérique. Les Anglais ont, dans cette île, un fort et quelques colons.

Le total des possessions britanniques dans l'Amérique, embrasse, d'après le recensement de 1836, 46,857 milles carrés et 2,380,000 habitans. C'est une superficie huit fois plus grande, et une population onze fois moindre que celle des îles britanniques en Europe.

Pêche de la baleine.

La pêche de la baleine par les Anglais, au détroit de Davis et au Groenland, diminue tous les ans. Voici l'état comparatif des bâtimens employés à cette pêche en 1832 et 1838, qui montrera la décadence de ce commerce :

	En 1832.	En 1838.
De Hull........	30	4 navires.
Whilby.....	1	1
Newcastle....	4	3

Berwich.....	1	0
Londres.....	3	0
Peterhead...	11	7
Aberdeen ...	6	2
Dundce	9	6
Montrose	3	0
Kirkcaldy ...	5	4
Leith	8	3
Burnt Island.	0	1
Bo'ness	0	1
Totaux..	81	32

Ainsi, en 1832, il y avait, de plus, 49 navires armés pour la pèche au nord. Le nombre est à présent tellement réduit, que tous les navires arriveraient avec pêche entière, ils ne pourraient fournir que le tiers des importations de 1832, époque à laquelle les fanons de baleine valaient 187 livres 10 sh. par tonneau de 20 quintaux. Aussi dernièrement a-t-on payé jusqu'à 300 livres de vieux fanons de baleine. En 1818, Hull seul avait expédié 65 navires au Groenland et au détroit de Davis; cette année, ce port n'en a envoyé que 4.

CANADA.

Les deux Canadas comprennent 11,700 milles carrés et environ 900,000 habitans. Le Bas-Canada, qui renferme 600,000 âmes, compte 93,900 miliciens, et le Haut-Canada en comprend

50,000. Les troupes régulières de ces états sont de 4,000 hommes. — Tout Canadien, de 20 à 60 ans, est obligé au service de la milice. — Les impôts des deux Canadas s'élèvent, suivant les journaux anglais, à 7,500,000 francs, ou 300,000 livres sterling.

Québec, capitale du Bas-Canada, compte vingt-quatre mille habitans; Montréal, la seconde ville, en a 25,000; Kingston, la plus grande ville du Haut-Canada, possède 4,500 âmes; York, qui est la capitale de cette province, n'en renferme que 4,000.

La population du Bas-Canada est principalement catholique; celle du Haut-Canada professe les cultes réformés.

L'administration, dans le Bas-Canada, est sous la direction d'un gouverneur, d'un sous-gouverneur, d'un conseil exécutif, et d'un conseil législatif nommés par le roi. Il y a une chambre nommée par le peuple. L'administration du Haut-Canada est confiée à un sous-gouverneur qui est presque toujours un officier militaire. Le conseil législatif est composé d'au moins sept membres nommés par un mandat du roi, et qui, sous certaines conditions, gardent leurs places à vie. Le conseil exécutif est formé de six membres. La chambre législative est composée de vingt-cinq membres, qui sont nommés par leurs comtés respectifs.

Outre les villes canadiennes, on trouve, dans les possessions anglaises, les villes suivantes, classées suivant leur importance commerciale ou politique.

Villes.	Pays.	Popul.
Frédericstown	Nouv.-Brunswick	3,500
Halifax	Nouvelle-Ecosse	18,000
Charlottetown	Ile du Pr.-Edouard.	»
Saint-John	Terre-Neuve	12,000
Saint-Georges	Bermudes	3,000
Nassau	Lucayes	5,000
San Iago de la Vega	Jamaïque	6,000
Jonhstown	Antigoa	16,000
Basseterre	St-Christophe	7,000
Roseau	St-Dominique	5,000
Port-Castries	Ste-Lucie	5,000
Kingstown	St-Vincent	8,000
Georgetown	Grenade	8,000
Bridgetown	Barbade	5,000
Puerto-Espagna	Trinité	10,000
Georgetown	Guyane	10,000

Les quatres autres puissances européennes, la France, l'Espagne, la Hollande et la Suède ont aussi des possessions en Amérique, mais moins importantes que l'Angleterre et la Russie ; ces possessions se bornent aux Antilles et à la Guyanne : nous allons les mentionner de suite afin simplifier notre revue statistique.

FRANCE.

1° Dans les Antilles : la Martinique, la Guadeloupe, Marie-Galande, les Saintes, la Désirade et la partie-nord de Saint-Martin. 2° Dans la Guyanne, la partie est et sud de cette contrée, comprise entre 54° et 58° de longitude ouest, et entre 2° et 6° de latitude nord.

3° Le groupe de Saint-Pierre et Miquelon, situé non loin de la côte méridionale de Terre-Neuve, dans l'Amérique du nord appartenant aux Anglais.

En tout, 1,855 milles carrées et 280,140 habitans. Le recensement le plus récent porte le nombre des habitans à 362,749 ; dont 95,284 libres

Villes importantes.

Cayenne..........	Guyanne.........	3,000
Fort-Royal........	Martinique.......	7,000
Saint-Pierre.......	id.	18,000
La Basse-Terre.....	Guadeloupe......	9,000
Pointe-à-Pitre......	id.	15,000

Aspect du pays, sol et productions de la Guyanne Française.

Le littoral de la Guyanne française est bas et garni de forêts de mangliers ou paletuviers. Il ne présente dans toute son étendue, d'autres élévations que la Montagne d'argent, qui forme la pointe occidentale de la baie d'Oyapock, les montagnes dites *de la côte* comprises entre la rivière Mahury et celle de Cayenne. Les autres montagnes que l'on découvre, en longeant les côtes, sont plus ou moins éloignées du rivage ; la mer y a peu de fond, à cause des grands bancs de vase qui, particulièrement dans la partie située au vent de Cayenne, s'étendent à 3 ou 4 lieues au large, et ne permettent pas même aux petites embarcations d'approcher de plus d'une lieue ou deux de la terre. On divise les terres de la Guyanne en terres hautes et en terres bases. Les terres hautes sont les terres des montagnes et des plaines où l'eau douce ni l'eau salée ne séjournent; elles sont toutes couvertes de forêts plus ou moins épaisses suivant la nature du sol. Les terres basses sont surtout propres à la culture du coton. Les épiceries de l'Inde peuvent prospérer partout. Le giroflier, le poivrier, le canellier et le muscadier se sont parfaitement naturalisés dans certaines parties de la Guyanne.

Peu de pays offrent plus de plantes médicinales, telles que le ricin dont on extrait l'huile appelée *huile de palma Christi,* le simarouba, le cassier, la salsepareille, le copahu, l'encens blanc, l'encens gris, le seryngat ou caout-chouc qui donne la gomme élastique, les arbres à gomme, etc. La culture du café y a été introduite en 1720. Le rocou est la plus ancienne culture de la colonie. Le cacao et le coton y sont aussi cultivés. Le colon de la tribu des Oyampis est le plus beau de tous.

(Pour les autres parties des possessions françaises, voir les Antilles).

HOLLANDE.

1° Une partie de la Guyanne, situéee ntre 54° et 60° de longitude ouest, et entre 3° et 6° de latitude nord. Ce territoire porte le nom du gouvernement de Suriman, dont la capitale, Paramaribo, passe pour la plus belle ville du continent de l'Amérique du sud, et compte 20,000 habitans.

2° Iles de Curaçao et Saint-Eustache, avec plusieurs îlots. — Willemstadt, capitale de Curaçao, possède 8,000 âmes, et Saint-Eustache, port franc, 6,000.

En tout, 511 milles et 85,000 habitans, dont 5,800 blancs libres, 3,000 indigènes libres et 38,290 nègres esclaves.

ESPAGNE.

Après la perte définitive des magnifiques et vastes possessions que l'Espagne avait sur le Nouveau-Continent, cette puissance n'étend plus sa domination que sur les deux îles des Antilles, Cuba ou Havane et Porto-Rico. (Voir les Antilles).

La surface de ces deux îles est évaluée à 2,504 milles carrés et la population à 1,090,600 individus, dont 400,000 blancs libres, 80,000 hommes de couleur libres, et 610,600 nègres esclaves.

SUÈDE.

La Suède ne possède en Amérique que l'île de Saint-Barthélemy, que la France lui a cédé en 1784. C'est la plus petite des divisions politiques de l'Amérique.

L'agriculture de cette île, située dans les Antilles, est dans un état prospère, le commerce n'est pas d'une grande importance. — Gustavia, ville capitale, est à la fois port franc et possède 10,000 habitans.

Surface de 2 milles; population 8,000 âmes :

1,992 blancs ;
580 hommes de couleur libres;
5,630 nègres esclaves.

ÉTATS-UNIS.

Les États-Unis sont situés entre 69° et 135° de longitude ouest, et entre 25° et 33° de latitude nord.

Cette république est bornée, au nord, par la Nouvelle-Bretagne ; au sud, par le golfe du Mexique; à l'ouest, par le grand-Océan ; et à l'est, par l'Océan atlantique.

La république des États-Unis, embrasse une étendue de 44,877 milles carrés (15 au degré), ou 952,874 milles carrés anglais (69 1[2 au degré).

Sa population en 1837 montait à 16,580,000 ames, divisées ainsi :

Etats.	Milles carrés anglais.	Population en 1836.
Maine..............	38,250	555,000
New-Hampshire....	9,200	300,000
Vermont	9,800	330,000
Massachussets	8,750	700,000
Rhode-Island	1,300	110,000
Connecticut........	5,100	320,000
New-York...........	49,000	2,400,000
New-Jersey.........	7,500	360,000
Pensylvanie........	47,500	1,600,000
Delaware	2,200	20,000
Maryland	11,500	500,000
Virginie...........	66,624	1,360,000
Caroline du Nord...	49,500	800,000
Caroline du Sud....	31,700	680,000
Géorgie............	61,500	620,000
Alabama............	52,900	500,000
Mississipi	47,600	200,000
Louisiane	49,200	350,000
Tennessée..........	40,200	900,000
Kentucky	40,500	800,000
Ohio	39,700	1,300,000
Indiana............	36,500	550,000
Illinois	27,900	320,000

Etats.	Milles carrés anglais.	Population en 1836.
Missouri............	65,000	250,000
Michigan	38,000	120,000
Arkansas	60,700	70,000
Columbia..........		50,000
Florida	55,600	50,000
Wincousin.........		20,000
Oregan............		5,000
Indiens............		400,000

Villes les plus populeuses des Etats-Unis.

New-York....	270,000	Washington.	20,000
Philadelphie ..	200,000	Pittsbourgh.	18,000
Baltimore.....	92,000	Providence..	17,000
Boston.......	78,000	Richmond ..	16,000
Nouv.-Orléans	60,000	Salem......	14,000
Charlestown ..	34,000	Columbia...	14,000
Cincinnati....	25,000	Portland....	13,000
Albany	25,000	Brooklyn....	13,000

En outre, environ 50 villes ont une population de plus de 5,000 ames.

Augmentation graduelle des trois premières cités de l'Union.

Années.	New-York.	Philadelphie.	Baltimore.
1790	33,131	42,520	13,503
1800	60,489	70,287	26,604
1810	96,373	96,664	46,555

Années.	New-York.	Philadelphie.	Baltimore.
1820	123,616	119,325	62,739
1825	167,059	140,000	70,000
1830	203,000	167,811	80,625
1835	270,000 (1)	200,000	92,000

Washington, en Colombie, est la capitale des Etats-Unis.

Le vaste territoire des États-Unis est entrecoupé par deux chaînes principales de montagnes ; à l'ouest, les montagnes Rocheuses qui traversent tout son territoire dans une direction presque parallèle à la côte de l'Océan pacifique, à plusieurs centaines de milles de distance ; et à l'est, par les monts Alleghany, qui s'étendent presque parallèlement aux côtes de l'Océan atlantique.

Depuis la Géorgie, en traversant le Tenessée,

(1) D'après les états fournis à la législature de New-York, la valeur des propriétés foncières de cet état est estimée ainsi :

	1836 Dollars.	1837 Dollars.
Valeur des propriét. foncières	539,756,874	498,430,054
— mobilières	137,396.360	122,011,033
	667,396,360	620,451,087
Pour la ville de New-York seulement	309,500,920	263,74[illegible],350

la Virginie et la Pensylvanie jusqu'à New-York, la vallée immense qui est comprise entre ces deux chaînes de montagnes est entrecoupée par la rivière du Mississipi, qui coule du nord au sud dans toute la longueur des États-Unis. Le pays situé à l'ouest du Mississipi est, à quelques exceptions près, un désert habité par des sauvages indiens; et au-delà de la méridienne de 17° de longitude ouest depuis Washington, les blancs ont à peine un établissement; mais le pays situé à l'est du Mississipi est cultivé et populeux dans une étendue considérable. Ce pays est surtout remarquable par la plaine basse, large de 50 à 100 milles anglais, qui s'étend le long de la côte de la mer Atlantique. Depuis la baie d'Hudson jusqu'au Mississipi au-delà de cette plaine, la terre s'élève vers l'intérieur jusqu'à ce qu'elle se termine aux monts Alleghany. Le reste du pays situé à l'est du Mississipi offre une grande variété de collines, de vallées, de plaines et de montagnes. Le sol du pays plat, excepté les bords des anses et des rivières, est nu et sablonneux; mais, dans le reste du pays, il est généralement très-fertile et capable de nourrir une nombreuse population. La principale production des états situés au sud de la Virginie et du Kentucky est le coton. Le tabac croît en grande abondance dans le Maryland et la Virginie. Le froment constitue le commerce des états situés au centre et à l'ouest. La culture du riz occupe une vaste étendue de terrain dans la Géorgie et les Carolines, et la canne à sucre réussit merveilleusement dans la Louisiane. Dans l'est, la plus grande partie du sol est consacrée aux pâturages.

Climat. — Ce territoire s'étendant sur 24 degrés de latitude, doit naturellement présenter une température d'une grande variété. Cependant on peut remarquer qu'en général toute la partie, située à l'est des montagnes Rocheuses, est beaucoup plus froide que celle qui se trouve en Europe sous les mêmes parallèles; on croit que la différence des deux températures équivaut à huit ou dix degrés de latitude. Le pays entre les deux monts Alleghany et le Mississipi est en général plus tempéré que celui qui se trouve à l'est de cette position. Il paraît, d'après des observations récentes, que les vents sud-est qui y dominent tempèrent le climat et rendent la température plus douce et plus uniforme; quelquefois on éprouve tour à tour dans cette latitude un extrême froid et une extrême chaleur.

Dans le pays plat des états situés au sud, les étés sont brûlans et malsains. Les mois de juillet, août et septembre sont la saison des maladies; mais le reste de l'année est en général doux et agréable. Dans la Nouvelle-Angleterre, le climat est sain; mais, au printemps, des vents d'est frais et perçans le rendent très-désagréable. Dans la Floride, le climat est favorable à toute espèce de fruits que mûrit le tropique. L'on pense que le café, le cacao et le sucre peuvent y croître abondamment. La canne à sucre réussit dans la Louisiane aussi bien que sous la parallèle de 30° de latitude N. La vigne se cultive avec succès dans l'Indiana, on peut aussi la cultiver dans quelques parties de la Virginie, des Carolines, du Kentucky et du Tennessée. Au-delà des montagnes Rocheuses, le climat est le même que celui de l'est de l'Europe sous les mêmes parallèles.

Industrie et Agriculture aux Etats-Unis.

Le chiffre de la valeur des produits agricoles et manufacturés qui ont été livrés à l'exportation pendant ces dernières années, et l'accroissement successif qu'il indique sera un signe assez certain du progrès industriel et agricole de l'Union :

Années.	Prod. agricoles. Dollars.	Prod. manufacturiers. Dollars.
1830	47,000,000	5,300,000
1831	47,200,000	5,000,000
1832	46,200,000	6,400,000
1833	55,000,000	7,000,000
1834	67,000,000	7,000,000

La récolte du coton de l'année finissant en septembre 1835, s'est élevée, aux États-Unis, à 1,254,328 balles, soit près de 212,100,000 kilogrammes. Sur cette quantité, 175,000,000 de kilogrammes, valant plus de 40 millions de dollars, près de 240 millions de francs, ont été exportés. L'Angleterre a reçu près des deux tiers de la quantité exportée. Il n'est rien dans l'histoire de l'industrie qu'on puisse comparer aux gigantesques progrès de la culture du coton aux Etats-Unis, si ce n'est cependant la manufacture de cette substance en Angleterre.

C'est en 1792 que l'exportation du coton américain a commencé; cette année, ce commerce s'exerça sur une quantité de 189,316 livres.

Dans 12 Etats de l'Union, on compte 350 moulins employés à la filature du coton, et faisant mouvoir 1,500,000 broches. Ces manufactures occupent en outre 35,000 métiers à tisser et 60,000 ouvriers, et leur capital est estimé à 45,000,000 de dollars (239,500,000).

La culture du blé, du seigle, de l'orge, du riz, du café et du sucre, quoique restant de beaucoup en arrière de celle du coton, s'est aussi considérablement accrue et a subi les mêmes phases. Le prix de la farine qui était de 10 à 12 piastres le baril, dans les années qui ont suivi la révolution, fléchit jusqu'à 8, 7 et 5 piastres le baril dans les dernières années. Le prix du sucre et du café a baissé aussi de plus de moitié. Le maïs, le seigle et l'orge subissent la même dépréciation. — Le bois de construction et le bois de chauffage sont aussi des élémens importans de la richesse agricole des Etats de l'Union. Les bois sont de toute nature : quelques uns sont si vieux que les agronomes les considèrent comme datant de la première reproduction après le déluge.

L'industrie manufacturière est en progrès constans. Aujourd'hui les Etats-Unis comptent un nombre considérable de fabriques de tissus de coton ; plus de 20,000,000 de fuseaux sont en activité, chiffre qui se rapproche beaucoup de celui de la France. Les machines à vapeur forment une partie considérable des exportations. Après les machines, viennent les toiles de toute espèce; après les toiles, les peignes et les boutons, les billards, les parapluies, les presses à imprimer, les caractères d'imprimerie, les instrumens de musique, les cartes, le papier de tenture, le vernis, la faïence, les fleurs artificielles et la joaillerie.

L'exploitation des mines d'or, qui, en 1824, ne donna pour produit que 5,000 doll. (25,500 fr.), en a fourni, en 1834, près de 898,000 (5,000,000 de fr.), et la monnaie a frappé pour 4,000,000 de dollars de pièces d'or.

Dépôts d'or faits à la Monnaie des Etats-Unis, à Philadelphie, et espèces monnayées dans le courant de juin 1836.

Balance en or non-monnayé, du 31 mai .... fr. 4,049,649
En dépôts pour être monnayés ...... »

Report	4,049,649
Or en lingots des mines des Etats-Unis.........................	267,678
Or en lingots des pays étrangers....	2,771,496
Monnaies étrangères (souverains) ...	53,946
	7,142,769
Montant de l'or monnayé en juin (demi-aigles)......................	5,888,673
Balance en or non-monnayé, 30 juin 1836..........................	1,254,096

Dans le trimestre finissant le 30 juin, la somme monnayée en argent s'est montée à 6 millions 669,000 fr.

COMMERCE.

Importations et exportations de l'année finissant le 30 septembre 1836.

La somme totale des importations aux Etats-Unis de l'année 1836, s'est élevée à 189,980,035 francs, et celle des exportations à 128,663,040 fr. Les Etats-Unis se sont donc endettés en 1836 de 61,316,995 fr.

Les importations se divisent en trois classes, savoir : marchandises exemptes de droits, 92,056,481 francs; payant des droits spéciaux, 38,580,166 francs; payant des droits *ad valorem*, 59,343,388 fr.

Les principaux articles importés qui ne paient point de droits sont les suivans :

Or et argent en lingots..	2,231,487 fr.
Or et argent monnayé ...	11,169,394
Thé.................	9,653,053
Soieries européennes	20,331,896
Articles en soie et laines peignées............	3,171,023
Laine au-dessous de 8 cents la livre..............	806,370
Toiles...............	8,271,813

Les importations des marchandises payant un droit *ad valorem* consistent, en grande partie, en articles suivans :

Draps et casimir	8,929,382 fr.
Calicots...............	2,766,787
Indienne..............	12,192,980
Soieries de la Chine.....	2,721,180
Indigo	1,113,577
Poterie	2,424,514
Laine au-dessus de 8 cents	463,756

Les articles ci-après ont payé des droits spéciaux :

Mélasse...............	4,077,312 fr.
Sucre brut	11,623,699
Sucre blanc	890,805
Cigarres	1,038,857

Livres imprimés........	259,381
Vins de toutes sortes.....	4,332,034
Fer en barres...........	4,023,042
Bouteilles..............	259,554

Les exportations en produits du pays 106,916,360 francs, en produits de l'étranger 21,746,360 fr. Parmi ces derniers, les suivans méritent une mention particulière :

Or et argent en lingots..	328,645 fr.
Or et argent monnayés..	4,493,350
Thé....................	869,164
Café...................	1,985,176
Sucre brut.............	2,425,421
Sucre blanc............	378,318
Calicots...............	666,871
Indiennes..............	1,975,156

Les principaux produits des Etats-Unis exportés, sont :

Articles provenant de la pêche...............	2,666,058 fr.
Articles provenant de la forêt : potasse, bois, etc.	5,361,740
Produits agricoles :	
Porc...................	1,383,344
Bœuf salé..............	699,116
Farine.................	3,572,599
Riz....................	2,548,750
Tabac..................	10,058,640
Coton..................	71,284,925

Manufactures :

Savon et chandelles.....	478,316
Bottes et souliers........	133,471
Meubles...............	214,046
Chapeaux	244,012
Indiennes..............	256,625
Calicots	1,950,795
Or et argent monnayés..	345,738

L'Angleterre a fourni à ces importations pour une valeur de 75,761,713 fr., et, y compris ses colonies, pour 86,022,915. Les importations de France ont été de 36,615,419. Les exportations en Angleterre ont été de 53,302,483, et, y compris ses possessions d'outre-mer, de 64,487,681; celles en France, de 20,939,100 fr. On verra, par ce tableau, que les affaires commerciales des Etats-Unis avec la France et l'Angleterre constituent à peu près deux tiers de son commerce total.

Voici le chiffre comparé de ces exportations dans les deux pays depuis 1830 jusqu'en 1835.

Années.	Angleterre.	France.
1830	211,000,000 liv.	75,000,000 liv.
1831	205,000,000	50,000,000
1832	217,000,000	77,000,000
1833	227,090,000	76,090,000
1834	266,090,000	71,000,000
1835	252,000,000	100,000,000

Les principaux articles d'importations de l'Angleterre sont : étoffes en coton 11,895,134 fr.; draps et casimir, 8,568,725 fr.; toiles anglaises, écossaises et irlandaises, 6,556,498 fr.; étoffes de laine peignée, 5,603,555 francs; quincaillerie, 5,581,142 fr.; soieries, 3,782,863 francs; poterie, 2,403,500 fr.; épices, 2,322,920 francs. Ceux de France sont : soieries, 15,611,188 fr.; cotonnade, 2,199,982 fr.; vins, 1,942,179 fr.; eaux-de-vie, 1,109,826 fr.; or et argent monnayés et en lingots, 4,841,004 fr.

Les principaux articles exportés de la Grande-Bretagne sont : coton, 48,922,543 francs; tabac, 5,202,645 fr. En France : coton, 17,519,757 fr.; tabac, 907,699 fr.

Les importations de l'Espagne et de ses dépendances se sont élevées à 19,345,690 francs, dont 12,734,875 fr. de l'île de Cuba, et 3,209,043 des autres îles espagnoles; de la Chine, à 7,324,816 francs; du Brésil, à 7,210,190 fr.; du Mexique, à 5,615,819 fr.; des villes hanséatiques, à 4,994,820 francs; de la Hollande et de ses colonies, à 3,861,514 fr., et de la Russie, à 2,779,554 fr.

Navigation.

Le total du tonnage entré dans les ports des Etats Unis l'année 1835 était de 1,993,963 tonneaux, ce qui excède le montant de l'année 1834 de 351,241 tonneaux, dont 277,983 de navigation américaine, et 73,258 de navigation étrangère. Voici l'état comparatif du tonnage des Etats-Unis, depuis 1829.

Dates.	Bâtimens américains. Tonneaux.	Bâtimens étrangers. Tonneaux.	Total. Tonneaux.
1829.	650,142	610,654	1,260,796
1830.	575,476	615,801	1,191,772
1831.	620,451	647,394	1,267,845
1832.	686,989	752,461	1,439,450
1833.	750,026	856,124	1,606,150
1834.	857,438	901,468	1,758,906

Banques des États-Unis en 1835.

Suivant un rapport, en 1835, fait par le secrétaire fédéral du trésor au congrès sur les banques des Etats-Unis, il paraît qu'il y avait dans les Etats de l'Union 558 banques avec 146 succursales, formant une aggrégation de 704 maisons de banques avec un capital de 231,250,357 dollars. Ces données se rapportent à la situation des banques au 1er janvier 1835, et sont fondées sur les rapports fournis par les officiers exécutifs dans les divers états. Il y a une grande disparité dans les capitaux de toutes ces banques. Dans la Pensylvanie, le capital des banques se monte à 17 millions 998,444 dollars ; dans l'état de New-York, il est presque le double, 31,581,460 dollars ; dans le Massachussets, où la population n'est pas la moitié de celle de New-York, le capital de la banque est presque égal ; on le porte à 30,409,450 dollars. On sait que les banques des Etats-Unis sont des compagnies de capitalistes réunis par actes de la législature de leurs états respectifs, pour un temps limité. La durée est généralement de 15 à 25 ans, et le capital s'élève de 1,000 dollars à plusieurs millions; la seule exception était en faveur de la banque des Etats-Unis, qui a été instituée par le congrès, et dont l'institution a été renouvelée comme banque particulière par la législature de Pensylvanie.

État des Banques des États-Unis depuis 1815.

Dites.	Nombre des banques d'etats.	Capital des banques d'états en francs.	Joignant le capit. de la banque des Etats-Unis.
1815	208	440,088,806	
1816	246	480,549,957	
1820	307	546,826,768	730,576,768
1830	329	589,528,633	773,278,633
1834	506	909,162,265	1,092,912,365
1835	557	1,041,026,331	1,224,776,331
1836	566	1,160,282,812	1,344,032,812
1836(déc)	677	2,024,553,248	2,208,303,248

Chemins et canaux.

On sait que les Etats-Unis possèdent aujourd'hui les plus grandes lignes des chemins de fer; les entreprises de ce genre y sont conçues sur d'immenses proportions; dans quelques années, sur les bords de l'Atlantique, une ligne continue va unir Boston à la Nouvelle-Orléans; le parcours total de cette voie sera de 600 lieues (360 milles). Déjà ce chemin passe par la Providence et Sconington, village du Conecticut ; de là, il se prolonge jusqu'à New-York jusqu'à Philadelphie; puis de Petersburg jusqu'au Roanoke ; c'est là qu'il se termine aujourd'hui ; mais bientôt ce chemin, prolongé de Roanoke à Raleigh et Fayetville, dans la Caroline du nord, passant par Cheraw, Camden et Columbia, dans la Caroline du sud, se rendra à Charlestown, et de là à la Nouvelle-Orléans. Les travaux exécutés jusqu'à présent sur cette ligne, se composent de 184,992 mètres à double voie ; la construction en a coûté, prix moyen, 145 francs le mètre, et 286,549 mètres de simple voie, prix moyen, 38 fr. le mètre; — les travaux en cours d'exécution sont de 1,800,000 mètres. Quant au commerce et au genre de produits qui alimentent cette grande voie, il faut considérer que les deux Carolines, la Virginie, l'Ohio, le Tennessée qui seront traversés par elle, produisent du riz, du grain, du tabac, des porcs, des bœufs ; que, parmi ces produits figurent la houille, le fer, le sel, l'ardoise, le plomb, le zinc, le plâtre, et qu'enfin le temps que l'on met à parcourir cette immense distance, diminuera de plus de moitié. (American almanack).

Poste aux lettres aux Etats-Unis.

En 1825, le nombre des bureaux de postes était de 5,677 ; le total des ports de lettres fut de

7,055,235 fr.; les appointemens des employés, de 2,220,588 f.; les frais de transports de la malle, de 4,242,488 fr.; le revenu net, de 418,403 fr., et le nombre de milles parcourus par la poste, de 94,052.

En 1826. Nombre des bureaux, 6,150; total des ports de lettres, 7,817,596; appointemens des employés, 2,417,726; transport de la malle, 4,779,540 fr.; revenu net, 437,351; nombre de milles parcourus, 95,335.

En 1827. Nombre des bureaux, 7,005; total des ports de lettres, 8,233,018; appointemens des employés, 2,626,619 fr.; transport de la malle, 5,094,063 fr.; revenu 300,099 fr.; nombre de milles parcourus, 505,336.

En 1828. Nombre de bureaux, 7,651; total des ports de lettres, 8,989,699 fr.; appointemens des employés, 2,963,828 fr.; transport de la malle, 5,866,079 fr.; revenu net,...; nombre de milles parcourus, 114,536.

En 1830. Nombre de bureaux, 8,004; total des ports de lettres, 9,579,546; appointemens des employés, 3,105,891 fr.; transport de la malle, 6,184,447 fr.; revenu net...; nombre de milles parcourus, 115,000.

En 1820, le nombre des bureaux était de 8,401; total des ports de lettres, 5,171,877 fr.; appointemens des officiers, 1,660,144 fr.; transport de la malle, 5,411,104 fr.; revenu net,...; nombre de milles parcourus, 115,450.

Population des Etats-Unis en 1832.

Hommes blancs.................	10,535,232
— de couleur et libres	319,576
Esclaves......................	2.009,050
Total.........	1,2863,858

Sectes religieuses des Etats-Unis.

Il y a en ce moment aux Etats-Unis une trentaine de sectes principales, qui se subdivisent en un nombre infini de ramifications. Voici les noms de quelques-unes: les Anabaptistes, les Episcopaux méthodistes, les Catholiques romains, les Congréganistes orthodoxes, les Presbytériens, les Presbytériens associés, l'Église hollandaise réformée, les Presbytériens de Cumberland, les Luthériens, les Frères-Unis, les Unitairiens, les Universalistes, les Quakers, les Mennonites, les Tunkers, les Shakers, l'Eglise de la Nouvelle Jérusalem.

Toutes ces sectes, jusqu'à ce jour, n'ont constaté leurs rivalités que par une lutte de prosélytisme.

Pour un total de 12,476,953 ames, on trouve :

1° Baptistes, dits orthodoxes, calvinistes rigides, mais n'administrant le baptême qu'aux adultes et après instruction, 2,743,453 ; ministres, 2,914 ; églises, 4,844 ; communians, 304,827.

2° Baptistes partisans du libre arbitre, ou Arméniens, 150,000; ministres, 300; églises, 400; communians, 16,000.

3° Baptistes mennonites réunis en communautés, branche des mennonites de Hollande, 120,000; ministres, 200; communians, 30,000.

4° Baptistes en libre communion, qui admettent indistinctement et sans examen à la Sainte Cène, 30,000; ministres, 30; communians, 3,500.

5° Baptistes Sabbatairiens, qui célèbrent le dimanche ou jour du Seigneur le samedi, 20,000; ministres, 30; églises, 40; communians, 12,000.

6° Baptistes dits des Six-Principes, qui exigent de leurs membres une déclaration d'adhésion aux six principaux points de la théologie orthodoxe, 20.000; ministres, 25; églises, 30; communians, 1,800.

7° Baptistes émancipateurs, qui pensent que l'affranchissement des esclaves est un devoir chrétien de rigueur, 4,500; ministres, 15; communians, 600.

8° Eglise épiscopale méthodiste, 2,600,000; ministres, 1,777; communians, 476,000.

9° Eglise épiscopale protestante, semblable à l'église anglicane, 600,000; ministres, 558; églises, 922.

10° Presbytériens unis à l'*Assemblée générale*, c'est-à-dire à un synode général, 1,800,000, ministres, 1,801; églises, 2,253; communians, 182,017.

11° Presbytériens associés ou indépendans,

100,000 ; ministres, 74; églises, 144; communians, 15,000.

12° Presbytériens de Cumberland, doctrine orthodoxe modifiée, 100,000 ; ministres, 50 ; églises, 75 ; communians, 8,000.

13° Congrégationalistes, ou églises indépendantes, s'administrant elles-mêmes, orthodoxes, 1,260,000 ; ministres, 1,000 ; églises, 1,301; communians, 140,000.

14° Universalistes, Arméniens admettant la rédemption universelle et la restauration future de l'humanité, 500,000 ; ministres, 150 ; églises, 300.

15° Luthériens, 400,000; ministres, 205; églises, 12,000 ; communians, 44,000.

16° *Chrétiens*, Baptistes unitaires, 275,000; ministres, 200 ; églises, 809; communians, 25,000.

17° Unitaires congrégationalistes, 176,000; ministres, 160; églises, 193.

18° Réformés allemands, 200,000 ; ministres, 84 ; églises 400 ; communians, 17,400.

19° Réformés hollandais, 125,000 ; ministres, 159 ; églises, 602 ; communians, 17,888.

20° Amis ou quakers, 200,000 ; maisons d'assemblée, 462. Ces chiffres comprennent les *amis* orthodoxes, et la secte nouvelle de *hicksites*, qui forment environ un tiers du nombre total. La société, dans les Etats-Unis, est divisée en huit *assemblées annuelles*, dont trois sont restées étrangères à ce schisme, qui n'a point gagné l'Angleterre.

21° Frères unis ou Moraves, 7,000; ministres, 23; églises, 23; communians, 2,000.

22° Méthodistes, associés ou autres, églises indépendantes de la *Conférence*, 175,000; ministres, 350; communians, 25,000.

23° *Tunkers* (de *Tunken*, plonger, immerger), Baptistes allemands Arméniens, vivant en communauté, 30,000; ministres, 40; églises, 40; communians 3,000.

24° Millénaires ou *Shakers*, trembleurs, 6,000; ministres, 45; églises, 15.

25° Swédenborgiens ou églises de la Nouvelle-Jérusalem, 5,000; ministres, 30; églises, 28.

26° Catholiques romains, 800,000; églises, 284.

27° Juifs et autres sectes non mentionnées, 500,000; églises, 150.

Paupérisme.

Le paupérisme, cette lèpre de l'Europe, et particulièrement de l'Angleterre, n'a pas d'existence réelle en Amérique; cependant il faut remarquer que New-York, le point sur lequel se dirigent de préférence les émigrans, a beaucoup à souffrir du passage de ceux qu'on pourrait appeler les mendians voyageurs du Vieux Monde au Nouveau. Voici le chiffre des émigrations qui ont traversé New-York depuis 1829 jusqu'à 1836, avec le chiffre en regard des pauvres qui s'y trouvent:

Années.	Emigrans.	Pauvres.
1829	15,064	——
1830	39,325	15,506
1831	31,739	15,164
1832	48,589	——
1833	41,702	35,777
1834	48,110	32,798
1835	35,303	38,352
1836	60,541	37,959

En 1836, il est arrivé aux Etats-Unis 80,952 personnes, dont 51,942 hommes et 29,010 femmes. Sur ce nombre, il était né dans les Etats-Unis 4,013 individus; en Angleterre et en Irlande, 47,792; dans les colonies anglaises américaines, 2,681; en Allemagne, 20,142; en France, 4,443; en Prusse, 568; en Suisse, 445; en Danemarck, 414; en Hollande, 298; à Mexico, 797; au Texas, 698; à Cuba, 519; dans d'autres pays, 2,152.

Etablissemens d'instruction publique aux Etats-Unis.

79 colléges,
36 séminaires,
23 écoles de médecine,
8 — de droit.

En 1835, les académies comptaient 3,475 étudians, savoir:

663 étudians en théologie,
130 — en droit,
2,000 — en médecine.

Nous allons voir dans quelle proportion les bienfaits de l'instruction se trouvent répandus en Europe et dans l'Amérique septentrionale, par rapport au nombre d'habitans de ces deux contrées.

Europe. — Dans le Wurtemberg, il y a 1 écolier sur 6 habitans; canton de Vaud, 1 sur 6; Bavière, 1 sur 7; Prusse, 1 sur 7; Pays-Bas, 1 sur 9; Ecosse, 1 sur 10; Autriche, 1 sur 13; France, 1 sur 14; Angleterre, 1 sur 15; Irlande, 1 sur 18; Portugal, 1 sur 88; Russie, 1 sur 367.

Etats-Unis.— New-York, 1 écolier sur 3 habitans; Massachussets, 1 sur 3; Maine, 1 sur 4; Connecticut, 1 sur 4; Nouvelle-Angleterre, 1 sur 5; Pensylvanie et New-Jersey, 1 sur 8; Illinois, 1 sur 13; Kentucky, 1 sur 21.

Le défaut d'ensemble qui existe dans les documens statistiques publiés aux Etats-Unis ne nous permet pas de donner des renseignemens complets sur l'instruction dans ce pays. Cependant, comme ceux que nous possédons sur l'état de New-York en particulier sont à la fois très-complets et très-curieux, nous croyons devoir les consigner ici.

La population de l'état de New-York, sans contredit le plus riche et le plus florissant de tous ceux de l'Union, dépasse 2 millions d'habitans. Cet état dépense ordinairement plus de 200 mille dollars (1,060,000 fr.) pour l'instruction de ses enfans dont le nombre est de 500 mille. Voici les sources d'où proviennent les fonds destinés à l'entretien des maîtres et des écoles de l'état de New-York :

	Dollars.	Francs.
Trésor de l'état	100,000	530,000
Prélèvement sur les taxes immobilières...........	128,099	668,924
Produit de différentes allocations	16,786	88,955
Total pour 1830...	244,885	1,287,889

A New-York, le nombre des écoliers dépasse presque toujours le chiffre des enfans qui se trouvent dans l'état. Voici ce curieux relevé :

	Ecoles existant dans le N.-York.	Enfans de 5 à 16 ans.	Ecoliers fréquentant les écoles.
1830	8,872	468,257	480,041
1831	9,063	497,503	499,424
1832	9,339	509,967	507,105

L'explication de cette singulière anomalie est facile : comme beaucoup de familles arrivent d'Europe avec des enfans de plus de 16 ans, et qui presque toujours sont sans instruction, leurs parens les envoient aux écoles, pour profiter des bienfaits qu'accorde le gouvernement des Etats-Unis à tous ceux qui vivent sous ses lois ; car c'est avec juste raison que l'on peut dire que c'est la faute d'un Américain s'il ne sait ni lire ni écrire. C'est de là que provient l'excédant des écoliers sur le nombre d'enfans de 5 à 16 ans.

En 1834, on a publié aux Etats-Unis :

	Ouvrages originaux.	Contrefaçons.
Education..............	73	9
Théologie.............	37	18
Contes, romans, nouvelles	19	95
Histoire, biographie....	19	17
Jurisprudence..........	20	3
Sciences médicales......	10	3
Poésies................	8	3
Voyages...............	8	10
Beaux-arts............	8	9
Mélanges..............	59	43
	261	210

Presse des Etats-Unis comparée à la presse anglaise.

Aux Etats-Unis, il existait, en 1834, 1,265 journaux différens, et l'on évaluait à 75 millions le nombre d'exemplaires publiés dans l'année.

Le nombre total des journaux timbrés publiés en Angleterre n'est que de 356. Le nombre de timbres payés chaque année par ces journaux s'élève à 36 millions; c'est à peu près le double de la quantité des timbres payés au commencement du siècle.

Ainsi, en Angleterre, la population totale étant de 24 millions, il s'ensuit que chaque individu a pour sa part un exemplaire et demi de journal dans une année. En Amérique, c'est six exemplaires par personne.

En Angleterre, il y a un journal différent pour 70 mille habitans; en Amérique, il y en a 1 pour 10 mille; et cependant il faut remarquer que la circulation des journaux est beaucoup plus facile et plus étendue en Angleterre qu'aux Etats-Unis.

Sociétés de Tempérance aux Etats-Unis d'Amérique.

Les Sociétés de Tempérance, dont le but est de supprimer l'usage excessif des liqueurs fortes ou fermentées, en leur substituant quelque autre boisson saine, ont exercé une influence remarquable sur les mœurs des Américains. Depuis la formation de la première société de tempérance, en 1826, dans l'état de Massachussets, il s'en est établi plus de six mille autres, dont plusieurs sont avouées par les Etats, et comptent dans leur sein des hommes du caractère le plus respectable. Le nombre des signataires de l'acte d'association de Tempérance s'élève à plus de 16,000,000. Plus de 2,000 médecins, tant anglais qu'américains, ont signé une protestation qui affirme que l'usage des boissons fortes n'est jamais nécessaire, qu'au contraire il cause souvent des maladies graves et détermine quelquefois la mort. La population d'Albany est de 26,000 individus, dont 5,000 sont membres de la société de Tempérance. Le nombre des morts attribués au choléra, en 1832, a été de 336, dont deux seulement étaient membres de la société de Tempérance. D'après le sixième rapport de la Société de Tempérance Américaine, nous voyons que, depuis le commencement de la réforme, 2,000 fabricans de spiritueux et 6,000 débitans ont renoncé à leur industrie; que plus de 15,000 personnes adonnées à l'ivrognerie ont, par suite de renonciation aux liqueurs fortes, repris des habitudes de sobriété; que 700 vaisseaux ne prennent point de spiritueux dans leurs provisions

L'imprimerie de la société de Tempérance de New-York a seule fourni pendant la dernière année, 438,500 exemplaires de publications destinées à fixer l'attention du public sur le but de cette société; elles ne comprenaient pas moins de 80,000,000 de pages in-12.

Les Etats qui forment l'Union américaine sont indépendans entre eux; leur nombre peut augmenter tous les ans; chaque Etat a une administration intérieure particulière. Le pouvoir législatif réside dans un congrès composé d'un sénat et d'une Chambre de représentans. Chaque Etat envoie au congrès deux sénateurs élus pour six ans. L'âge requis pour l'égibilité est de trente ans. Les représentans ou députés, ne peuvent avoir moins de vingt-cinq ans, ils sont élus par le peuple dans une proportion d'environ un sur 40,000 habitans.

Le président de chaque Etat et son suppléant, le vice-président, sont élus pour quatre ans par des délégués envoyés et nommés à cet effet au nombre égal des sénateurs et représentans. Le traitement du président est de 125,000 fr., celui du vice-président de 30,000 fr. Les représentans reçoivent du trésor une indemnité de 8 dollars (44 fr. 50 c.) par jour; mais ils ne peuvent occuper aucun emploi du gouvernement.

Les bills d'impôts sont proposés par la Chambre des représentans : le sénat peut y faire les changemens et amendemens qu'il juge convenable. Le président approuve le bill et est chargé de son exécution. Lorsque le président renvoie le bill avec des objections, ou observations, on procède à un vote de prise en considération, d'amendemens, ou de rejet pur et simple; en tous cas, le bill n'a force de loi que lorsqu'il passe, dans les deux chambres, à la majorité des deux tiers des membres.

Finances des Etats-Unis. — Recettes en 1836.

Douanes................	124,853,000 fr.
Terrains................	132,678,000
Objets divers...........	3,130,000
	260,661,000
Postes..................	...
Intérêts des dépôts faits aux banques................	...
Excédant du trésor au 1er janvier 1836...........	142,665,000
	403,326,000

Depenses en 1836.

Administration générale et objets divers............	28,738,000 fr.
Armée, fortifications, pensions, Indiens, routes, arsenaux.................	98,486,000
Marine.................	30,937,000
En 1837, le trésor a émis des billets de la valeur de	22,933,000
En 1838, il se propose d'émettre..............	30,400,000
	53,333,000
Il sera racheté en 1838 de ces billets pour une somme de..................	26,667,000
Reste........	26,666,000

L'armée régulière des Etats-Unis, suivant le rapport officiel du secrétaire de la guerre, se compose de : 1 major-général, 2 brigadiers-généraux, 1 adjudant-général, 2 inspecteurs-généraux, 1 quartier-maître général, 4 quartiers-maîtres, 1 commissaire-général des vivres, 2 commissaires des vivres, 1 médecin en chef, 15 chirurgiens, 60 aides-chirurgiens, 1 payeur-général, 17 payeurs, 1 commissaire-général des achats, 2 gardes-magasins militaires, 15 colonels, 15 lieutenans-colonels, 23 majors, 146 capitaines, 336 lieutenans, 1,000 officiers à la suite, 272 musiciens, 108 artificiers, 5,908 soldats. Total 7,958 hommes.

La milice nationale se monte à 1,150,158 hommes.

La marine des Etats-Unis est compposé de 7 vaisseaux de ligne, 10 frégates et 8 schooners, 1 vaisseau rasé, 14 corvettes, 4 bricks, 5 bateaux à vapeur. L'Union possède sept arsenaux maritimes à Portsmouth, Charleston, New-York, Philadelphie, Washington, Gosport et Pensacola.

Les Etats-Unis, possèdent la colonie *Liberia*, dans la Guinée septentrionale, en Afrique.

MEXIQUE.

Les Etats-Unis mexicains, se trouvent entre le 15° et 42° de latitude nord, et entre le 89° et 127° de longitude ouest.

Leurs limites sont : du côté du nord, les Etats-Unis de l'Amérique et un territoire habité par quelques tribus sauvages; au sud et à l'ouest, la mer Pacifique; à l'est, le golfe du Mexique; au sud-est, la mer des Antilles et la république de Guatemala.

Tout le territoire de cette république comprend 46,685 milles carrés et renferme environ 7,900,000 âmes.

Il se divise en 20 Etats fédérés et 5 arrondissemens, dénommés par ordre de population et de surface, ainsi qu'il suit :

Etats.	Milles carrés.	Population.
District fédéral		350,000
Chapia	1,512	96,000
Chihuahua...............	3,448	166,000
Cohahuila et Texas (1)....	3,408	127,000
Durango................	2,638	250,000
Guanaxuato.............	418	643,000
Mexico..................	1,426	1,200,000
Michoacan	1,243	285,000
Nuevo-Léon.............	928	113,400
Oaxaca	1,604	693,000
Puebla	973	954,000
Queretaro...............	712	280,000
San Luis................	790	192,000

(1) A la suite du Mexique, nous donnons une note sur la province Texas ou Tejas. (Prononcez Tehas.)

	Mil. car.	population.
Sonora et Sinaloa	6,906	254,700
Tabasco	973	82,000
Tamaulipas	7,499	166,824
Veracruz	1,944	194,000
Xalisco	3,467	680,000
Yucatan	2,256	630,000
Zacatecas	850	296,000

Arrondissemens.	Mil. car.	Populat.
Haute et basse Californie..	3,998	36,000
Colima		40,000
Nouveau Mexique	140	52,300
Tlascala		66,000

Villes principales.

Mexique.....	170,000	Valapa......	13,000
La Puebla ...	68,000	San Luis.....	13,000
Guanaxuato..	42,000	Aguas Callient	12,000
Zacatecas	34,000	Chihuahua ..	12,000
Queretato. ...	35,000	Culiacan.....	11,000
Oaxaca......	25,000	Santa Rera de Casiguriachi..	11,000
Guadalaxara .	20,000		
Valladolid....	18,000	San Juan del Rey.........	10,200
Vera Cruz...	14,000		
Cholula	16,000	Merida......	10,000

Nature du sol. Le sol de la république mexicaine renferme tout ce que produit dans les trois règnes le reste du globe, et a des productions particunières qu'il n'est pas possible d'obtenir ailleurs. Il fournit abondamment les produits les plus précieux du règne végétal, tels que le blé, le riz, le yuca, la vanille, la cochenille, le cacao, le café, le sucre, le coton, l'indigo, le tabac, l'acajou, le quina, l'ipécacuanha, le jalap, le campêche, etc. Il produit toutes les espèces de fruits de tous les climats; et on n'aurait jamais en Europe une idée de ceux de sa *tierra caliente*, qui sont les plus délicats et les plus abondans. On pêche sur plusieurs de ses côtes les perles les plus riches, la topaze, l'émeraude, le rubis et toutes sortes de pierres et de métaux précieux sont renfermés dans ses mines, au nombre de plus de cinq mille et qui produisent annuellement plus de cent cinquante millions de livres. Tout cela, joint au climat le plus doux, à un printemps perpétuel, à un ciel pur et à une atmosphère embaumée, font de ce pays le beau idéal, le paradis terrestre. Les mines du *Mexique* fournirent de 1690 à 1823, en or et en argent pour 284,224,924 francs, (2,137,029 liv. sterl.); 85,481,180 fr. par an.

Industrie. Cette branche, la plus vitale de toutes pour les nations civilisées, est encore aujourd'hui telle à peu près que les Espagnols l'ont laissée, quoique le temps écoulé depuis l'indépendance aurait suffi pour lui imprimer une grande impulsion ; mais bien des causes ont contribué à rendre l'industrie du Mexique stationnaire.

Nationalité des habitans.

Blancs ou Espagnols.....	1,200,000
Indiens race pure.......	3,676,000
Mesticos et Mulates......	2,000,000
Nègres esclaves.........	8,000

Presque tous les habitans du Mexique, à l'exception des Indiens sauvages, sont catholiques.

Au Mexique, en 1803, on comptait 10,000 ecclésiastiques, savoir :

Clergé régulier.......	5,000
» séculier.......	5,000

Ce qui donnait 16 ecclésiastiques sur 10,000 habitans.

En 1837, leur nombre fut réduit à 5,595 hommes, savoir :

Clergé séculier.........	3,677
» régulier.........	1,918

Le clergé est sous l'autorité spirituelle de 9 évêques.

Les biens-fonds de tout le clergé régulier et séculier ne s'élevaient, au commencement, qu'à 12 ou 15 millions de francs. En 1803, ils possédaient une valeur montant à 233 millions, dont 140 millions appartenant au clergé séculier, et 93 aux couvens et communautés

L'instruction publique au Mexique est à sa naissance; le gouvernement fait tous ses efforts pour faire progresser les sciences et la civilisation.

Parmi les établissemens d'instruction publique, on remarque trois gymnases, dont un à Mexico, un autre à Guazacoalco, et un troisième à St-Louis.

Les finances des Etats-Unis mexicains, sont dans une situation déplorable ; les dépenses dépassent les recettes ; le crédit est refusé. Les revenus de la république depuis le 1er juillet 1833 au 30 juin 1834, se sont élevés à 12,182,793 dollars ; les dépenses ont chiffré 12,343,648. — Déficit : 160,855 dollars.

Le budget pour 1836 a été évalué à 13 millions de dollars.

La dette publique dépasse 80 millions de dollars.

L'armée du Mexique, en 1804, sous la domination espagnole, se composait de 32,000 hommes.

	Hommes
Troupes de ligne ou européennes.	9,919
Milices........................	22,277

L'infanterie 16,200, la cavalerie, 16,000.

En 1827, l'armée mexicaine se composait de 59,000 hommes, dont 32,000 sous les drapeaux, savoir :

	Hommes
Troupes de ligne................	22,800
Milices........................	9,400

En 1837, l'armée mexicaine présentait un effectif de 22,000 hommes, savoir :

	Hommes
Troupes de ligne...................	14,000
Milices............................	8,000

Ses dépenses montent à environ 2 millions et demi par 1,000 hommes.

La marine se compose de 23 voiles savoir : 1 vaisseau de ligne, 1 frégate, 10 corvettes, 6 bricks, 4 goëlettes, 1 navire de station.

Le Mexique, jadis une des colonies espagnoles dans le Nouveau-Monde, et connue sous le nom de Nouvelle-Espagne, est aujourd'hui un pays indépendant et souverain.

La constitution du Mexique, depuis le 17 novembre 1823, est une république fédérale ; le gouvernement général à le pouvoir de faire des lois sur toutes les matières qui se rattachent à l'intérêt commun de tous les états. Chaque état, dans ses propres limites, peut administrer la justice, transférer la propriété, disposer enfin de tout ce qui ne touche pas aux intérêts généraux de la nation.

LE TEJAS (*).

Ce pays est situé entre le 28e et le 35e degrés de

(*) Le dictionnaire de Malte-Brun rappelle que ce fut dans ce pays qu'en 1815 les exiles français tentèrent de fonder une colonie, sous le nom de Champ-d'Asile, et que les Etats-Unis s'y opposèrent.

latitude nord, et le 17e et le 25e de longitude ouest de Washington. Il confine au nord avec le territoire d'Arkansas; à l'est, avec l'état de la Louisiane; au sud, avec l'état de Tamaulipas et le golfe de Mexique; et au couchant, avec Cohahuila, Chihuahua et le territoire du Nouveau-Mexique. Cette position géographique est très-avantageuse pour le commerce, ayant de bons ports sur le golfe du Mexique, et touchant d'un côté aux états de ce pays, et de l'autre à la république du Nord. Il paraît que le Tejas commença à se peupler dans les premières années du siècle dernier; il parvint, en 1806, à posséder plus de 100,000 têtes de bétail et de 40 à 50,000 chevaux domptés; mais l'irruption des sauvages qui eût lieu en 1810 détruisit la plus grande partie de ces richesses. Lors de l'indépendance du Mexique, Tejas resta sous le commandement d'Iturbide; plusieurs autres gouverneurs se succédèrent, et le dernier fut le colonel Trespalacios (Trois-Palais)... Mais la nation mexicaine s'étant constituée en gouvernement fédéral, Tejas fut réuni à Cohahuila, et on forma, de ces deux provinces, ce que l'on connaît aujourd'hui par le nom d'État de Cohahuila et Tejas. On a divisé dernièrement ce pays fort étendu en sept départemens, dont quatre appartiennent à la Cohahuila et trois à Tejas; les noms de ce dernier sont Bejar, Brazos et Nacogdoches; et la longueur de ce pays est de 130 lieues, produisant, avec la largeur, 21,000 lieues carrées. Près de la mer, le terrain est uni; il est accidenté au milieu, et plus loin très-montagneux. Plusieurs rivières le traversent et l'arrosent, et vont toutes vers le golfe du Mexique. Les principales sont : la Sabina, le Nachez, la Trinidad, Brazos, Colorado et Guadalupe. Les principales productions du pays sont : le blé, la canne à sucre, l'olivier, le raisin, les pommes-de-terre, le coton, les peaux précieuses, le tabac, le maïs, les viandes salées, le bois et plusieurs autres. Le climat de la côte est malsain mais celui de l'intérieur est excellent. Au nord de Bejar, on trouve des mines d'argent, de cuivre, de fer et de plomb que l'on n'exploite pas encore. La population totale du pays de Tejas est de 36,300 habitans, dont 15,300 sauvages,

GUATEMALA.

La république fédérative de Guatemala appelée autrement Etats-Unis de l'Amérique centrale ou moyenne, est comprise entre 48° 43' et 96° 36' de longitude ouest, et entre 8° et 17° 32' de latitude nord.

Ce territoire est un isthme borné au nord par la mer des Antilles et la république du Mexique; au sud, par l'Océan équinoxial; à l'ouest, par le même Océan et la république du Mexique, et enfin à l'est, par la mer des Antilles.

Son étendue est de 9,606 milles carrés; sa population se compose de plus de 1,900,000 ames.

La république est divisée en cinq Etats, dont voici la dénomination selon leur étendue et leur population respectives.

Etats.	Mil. car.	Population.
Guatemala...........	3,542	700,000
San Salvador.........	308	350,000
Honduras............	3,128	300,000
Nicaragua............	1,857	350,000
Costa Rica...........	767	150,000
Cercle fédéral.........	4	50,000

Ces Etats se subdivisent en 45 districts.

Villes les plus importantes:

Guatemala, capitale de tous les Etats possède 45.000 habitans; Leon, dans le Nicaragua, en compte 40,000 : San Salvador, 40,000 ; Cartago, dans le Costa Rica, 26,000; Massaya, dans la Nicaragua, 20,000; San Jose, la capitale de Rica, 20,000 ; Guatemala-Antigua, capitale de la Guatemala, 20,000; Guatemala-la-Vieja, dans le même état, 18,000 ; Comayagua, capitale du Honduras, 5,000; Granada, dans l'état de Nicaragua, 10,000.

La population de ces Etats, se compose :

Indiens......	685,000
Blancs.......	475,000
Race mélangée	740,000

Tous les habitans sont catholiques. Le clergé présente 1 archevêque, 2 évêques; 228 paroisses, 4 missions, 633 églises et chapelles.

Le gouvernement est républicain et indépendant depuis le 24 septembre 1821. Le corps législatif se compose d'un président, un vice-président, 11 sénateurs, qui forment la chambre haute, et des députés au congrès (chambre basse). Le président reçoit annuellement 50,000 fr., le vice-président 20,000; chaque sénateur 10,000 fr. et chaque député 6,000 fr.

Les finances de l'état présentent de 6 à 700,000 piastres (3,528,000 fr.) de revenus, dont 350,000 piastres provenant des douanes. Les dépenses montent à 900,000 piastres (4,932,000 fr.), dont 650,000 pour l'entretien de l'armée. La dette publique tant à l'intérieur qu'à l'extérieur, monte à 10 millions de piastres ou 54 millions de francs.

La force armée consiste en 1,800 hommes de troupes sédentaires; 10,730 hommes de milice régulière, et 10,000 hommes de milice bourgeoise; total : 22,530 hommes.

ANTILLES.

Les *Antilles* ou *Indes occidentales*, si célèbres par leur commerce avec les Etats européens, forment un grand archipel de l'Océan atlantique, qui est situé entre 60° et 90° de longitude ouest, et entre 10° et 27° 50' de latitude nord.

Cet archipel, est composé d'un grand nombre d'îles qui forment une chaîne demi-circulaire divisée en trois groupes :

Au nord, les *Lucayes* ou de *Bahama,* dont les îles principales sont : Bahama, Abaco, nouvelle Providence, Saint-André, Saint-Salvador, Longue, Crooked, Mayaguana, Inague, Caycos.

Au centre : les *grandes Antilles,* Cuba ou Havane, Jamaïque, Haïti ou Saint-Domingue, Porto-Rico ou Borigua.

A l'est : les *petites Antilles* ou *îles sous le vent:* Saint-Thomas, Virgin-Gorda, Anguille, Saint-Martin, Saint-Barthélemy, Barlende, Saint-Eustache, Saint-Christophe, Nevis, Antigue, Mont-Serrat, Désirade, Guadeloupe, Marie-Galande, les Saintes, Dominique, Martinique, Sainte-Lucie, Saint-Vincent, Barbade, Grenadines, Grenade, la Trinité.

Nevis, Montserrat, Antigua, Sainte-Lucie, la Dominique, la Barbade, Saint-Vincent, la Grenade et les Grenadilles, Tabago et la Trinité ;

Les Antilles appartiennent à diverses puissances de l'Europe :

A la *France:* la Martinique, la Guadeloupe, Marie-Galande, les Saintes, la Désirade, et la partie nord de Saint-Martin;

A l'*Angleterre*: la Jamaïque, les Lucayes, Tortala, Virgin-Gorda, Aneguada, la Barbade, Anguilla, Saint-Christophe, Nevis.

A l'*Espagne*, Cuba, Porto-Rico, Festigos, la Marguerite, Tortuga, Blanquilla, Orchilla, Roques et Aves;

A la *Hollande*, la partie sud de Saint-Martin, Saba, Saint-Eustache, Bon-Air, Curaçao et Oraba;

Au *Danemarck*, Saint-Thomas, Saint-Jean, Sainte-Croix;

A la *Suède*, Saint-Barthélemy.

Haïti, ou Saint-Domingue, qui a appartenu à la France, est la seule île libre et forme aujourd'hui une république.

Sol et productions. Le sol des Antilles est en général très-fertile. Le sucre et le café sont les principaux objets de l'agriculture. Les autres articles importans sont le coton et l'indigo; viennent ensuite le cacao, le poivre, les épices, le piment, l'aloës, les clous de girofle et la canelle. Le maïs, les yams et les topinambours couvrent aussi des champs d'une grande étendue, et sont destinés à la consommation domestique.

Climat. — L'année, dans les Indes occidentales, est divisée en quatre saisons d'une durée très-différente. Le printemps commence au mois de mai, lorsque le feuillage devient plus brillant et que les savannes reprennent leur verdure. Les premières pluies périodiques commencent vers le milieu de ce mois; elles viennent du sud et tombent ordinairement tous les jours vers midi; elles se transforment en orages accompagnés de tonnerre sur le soir ; elles durent à peu près une quinzaine de jours, et donnent à la verdure plus d'éclat et à la végétation plus de vigueur. Dans ce mois, le thermomètre indique, terme moyen, 75 degrés centigrades; mais il baisse ordinairement de 6 à 8 immédiatement après chaque pluie quotidienne. L'été commence au premier juin; le temps devient sec, fixe et salubre, et l'on ne voit plus un seul nuage; la chaleur est étouffante dans la matinée jusque vers dix heures, heure à laquelle la brise de mer venant du sud-est souffle avec beaucoup de force et de régularité jusque fort tard dans la soirée. Pendant qu'elle domine, l'atmosphère devient très-supportable à l'ombre; la chaleur moyenne est alors de 80°, et le thermomètre indique rarement au-dessus de 85, ou moins de 75. Dans cette saison, la clarté et l'éclat des cieux pendant la nuit, ainsi que la sérénité de l'air produisent les sensations les plus douces et les plus agréables. Vers le milieu d'août, cette brise journalière devient intermittente, et l'air est alors pesant et étouffant Pendant le reste de l'été, qui dure ordinairement jusqu'à la dernière partie de septembre, on cherche en vain de la fraîcheur. Au lieu des brises régulières, on n'éprouve plus que des brises à peine sensibles, entremêlées de calme; et le thermomètre s'élève souvent au-dessus de 90°. Les pluies tombent par torrens au commencement d'octobre, la terre est inondée; ces pluies violentes durent pendant la plus grande partie de novembre. La saison des ouragans comprend les mois d'août, de septembre et d'octobre. Dans les premiers jours de décembre, on éprouve un changement sensible dans la température, et une nouvelle saison commence, qui se prolonge jusqu'à la fin d'avril. D'abord les côtes septentrionales sont battues par une grosse mer qui mugit sans discontinuer avec un bruit effroyable; le vent varie de l'est au nord-est et au nord, entraînant avec lui de fortes pluies et même de la grêle; enfin, l'atmosphère se purge, et le temps devient fixe et agréable; cette température fraîche et délicieuse dure jusqu'au mois de mai, et elle est très-convenable pour les malades et les vieillards. Dans les grandes îles, les montagnes sont exposées chaque mois de l'année à de fortes averses.

L'aspect des Indes occidentales est en général varié et montagneux. Plusieurs des montagnes sont très-élevées et leurs pentes rapides. Leurs flancs sont souvent couverts de bois tandis que leurs sommets présentent des masses de rochers arides. Leur élévation, l'aspect divers de leurs pentes, l'état de culture; et d'autres causes encore, rendent ce climat sujet à de grandes variations. Les personnes qui sont accoutumées aux climats tempérés de l'Europe, ne peuvent se former une juste idée des inondations qui, pendant les saisons pluvieuses, désolent les Indes occidentales. D'apres un registre que l'on conserve aux Barbades, la quantité de pluie tombée dans le cours d'une année était de 67 pouces, tandis que, dans le voisinage de Londres, elle n'atteignit pas même le tiers.

HAITI.

La république d'Haiti ou St-Domingue, est une grande île dans les Antilles, située dans l'Océan atlantique, entre 70° 45' et 76° 55' de longit. ouest et entre 17° 43' et 19° 58' de lat. nord.

La superficie comprend 1,385 milles carrés et environ 936,000 habitans. Administrativement, cette île se divise en 6 départemens, 66 communes et 33 paroisses; militairement, en 26 arrondissemens.

La population se compose de :

420,000 mulâtres.

495,000 nègres.

30,000 blancs, pour la plupart Français.

La religion catholique est professée par tous les habitans. Le clergé se compose de l'archevêque, de 4 évêques et curés en nombre illimité.

Villes principales.

Port au-Prince............	28,000 âmes
Le Cap....................	15,000
Saint-Domingue............	12,000

Le gouvernement de cette île est démocratique. La puissance législative réside dans les deux chambres, le sénat et la chambre des représentans. Les sénateurs sont nommés par les représentans : la durée de leurs fonctions est de 9 ans ; à chaque vacance, le président présente trois candidats à la chambre des représentans. Les représentans sont élus pour cinq ans par les colléges de communes. Le sénateur doit avoir 30 ans et le représentant 25 ans. Le président de la république est choisi à vie, a sa place au sénat et peut indiquer son successeur. Il représente tous les pouvoirs de l'Etat. C'est un monarque constitutionnel. Son traitement dépasse 120,000 fr.

Finances en 1834.

Recettes................	4,118,472	piastres
Dépenses...............	3,101,527	—
Excédant.......	1,016,945	(1)

Par le traité du 12 février 1838, la république d'Haiti a déclaré devoir à la France une somme de 60 millions de francs, qu'elle s'engage à payer d'ici à 1867.

Force armée.

45,000 hommes de troupes régulières.
70,000 hommes de milices.

La marine se compose de 6 voiles, savoir : 1 frégate, 1 brick, 4 schooners.

---

(1) La piastre vaut 5 fr. 40 c.

Cuba ou Havanna, possession espagnole. Cette île, la plus grande des Antilles, est située entre 76° et 87° de long. ouest et entre 20° et 23e de latit. nord, au sud du golfe du Mexique et entre la presqu'île de Yucatan et l'île de Haïti.

Sa superficie est de 2,000 milles carrés; la population s'élève à 704,500 ames.

Havanna, capitale de Cuba, renferme 112,000 habitans; la ville de Puerta en compte 20,000.

La population se divise en

311,060 blancs.
106,410 noirs libres.
286,840 — esclaves.

On compte dans toute l'île 297 églises, 24 couvens, 30 hôpitaux, 141 écoles et colléges, 87,806 maisons, 50 casernes, 13,947 biens de campagne d'agrément et d'utilité particulière. L'industrie agricole et manufacturière, compte 2,067 cafeiries, 76 cotonneries, 3,098 prairies artificielles, 7,330 prairies naturelles, 312,000 ruches d'abeilles, 6,534 champs de cacao, 60 établissemens de cacao, 2 indigotiers, 1,000 sucreries, 300 distilleries, 705 tuileries, 50 tanneries, 10 blanchisseries de cire, 11 réservoirs de mélasse, et 16 fonderies de cuivre.

Cuba possède plusieurs établissemens et institutions d'utilité publique, tels que maisons de bienfaisance, un arsenal, trois bibliothèques publiques, une académie de littérature, deux sociétés patriotiques, des cours publics d'anatomi, d'accouchemens, de dessin, de peinture, de pilotage, etc., etc.

Les revenus de cette île s'élevèrent en 1836 jusqu'à 7,633,133 piastres, et les dépenses à 7,413,568. — Excédant au 31 décembre 219,593 piastres fortes.

Les routes de l'île de Cuba sont en mauvais état; pour aller de Havanna à Baracoa, on fait 315 lieues au lieu de 169 lieues qu'on devrait parcourir si les chemins étaient tracés comme il convient.

L'ILE DE LA JAMAIQUE, possession anglaise, comprise entre 78° 35' et 81° 10' de longit. ouest et entre 17° 43' et 18° 36' de latit. nord, est située au sud de l'île Cuba et à l'ouest de l'île de Haïti. Sa superficie est de 270 milles carrés; le nombre de ses habitans est de 360,000 âmes.

San-Yago de la Vega ou Spanishtown, capitale de l'ile renferme 5,000 habitans; Port-Royal en compte 16,000, et le port fortifié de Kingston, 33,000.

Le gouvernement de la Jamaïque est composé du gouverneur, d'un conseil nommé par la couronne et composé de 12 notables, et d'une chambre de 43 membres, choisis par les francs-tenanciers.

PORTO-RICO ou BORRIGAL, île espagnole, située à l'est de St-Domingue, comprend 180 m. les carrés d'étendue et 140,000 habitans.

La capitale, San Juan de Puerto-Rico, compte 12,000 âmes.

La Martinique et la Guadeloupe, îles françaises, présentent, la première, sur 15,000 milles de superficie, 116,031 habitans, dont 37,955 libres et 78,076 esclaves ; la seconde donne un chiffre de 127,574 habitans, dont 31,252 libres et 96,322 esclaves.

COLOMBIE.

La Colombie comprise dans l'Amérique méridionale, s'étend entre 12° 25' et 6° 15' de latitude nord, et entre 85° 15' et 60° 15' de longit. ouest. La Colombie est bornée au nord par la mer des Antilles, au sud par le Pérou et l'empire du Brésil, à l'ouest par l'isthme de Panama et le grand Océan, et à l'est par la Guyane et l'Océan atlantique.

Cette république est divisée depuis 1831 en trois états : la Nouvelle-Grenade, la Venezuela ou Caracas et l'Equateur, qui comprennent ensemble 57,306 milles carrés, et possèdent plus de 3,066,000 habitans.

La république de la *Nouvelle-Grenade* renferme 1,636,000 habitans et se partage en 5 départemens. La capitale, Bogota, compte 40,000 âmes. Les villes principales sont :

Carthagène, avec 18,000 âmes; Socorro, avec 12,000; Monpox, avec 10,000; Panama, avec 10,000; Popayan, avec 7,000; Santiago, avec 5,000.

Les revenus de la Nouvelle-Grenade, s'élevèrent en 1835, à 2,337,836 dollars, et les dépenses à 2,211,554; excédant des revenus sur les dépenses : 126,282 dollars.

La dette se monte à 2,000,000 dollars.

L'armée présente un effectif de 3,230 hommes.

La république de *Venezuela*, à l'est de la Nouvelle-Grenade, embrasse 4 provinces : Venezuela, Cumana, Orinoco, Zulia, qui sont, à leur tour, subdivisées en 12 départemens. Le total de la population est de 630,000 individus.

Caracas, ville principale, avant le tremblement de terre de 1812, possédait 35,000 habitans. Valencia en possède actuellement 15,000. C'est la cité la plus importante de ce pays par son commerce, et la plus belle par ses sites pittoresques.

Les finances de Venezuela, de juillet 1835 à juillet 1836, montèrent à 1,313,000 piastres; les dépenses étant de 1,750,000, la différence en faveur du trésor est de 435,000 piastres. La dette est évaluée à 2,844,585 livres sterling.

La république de l'*Equateur* gît au sud de la

Nouvelle-Grenade, et se divise en trois départemens, savoir : Equateur, Assuay, Quyaquil. La population de cet état est de 550,000 ames, dont 300,000 Indiens habitant les montagnes.

Les finances présentent 550,800 piastres de revenus et seulement de 171,086 de dépenses.

La dette publique est de 2,145,915 livres sterling.

PÉROU.

La république du Pérou, comprise entre 69° et 84° de longit. ouest et entre 4° et 22° de lat. sud, est bornée au nord par la Colombie, au sud par le grand océan équinoxial, à l'ouest par le même océan, et à l'est par le Brésil et le Haut-Pérou ou la Bolivie.

Le Pérou se divise en deux grandes parties, en Pérou du nord et en Pérou du sud. La surface totale du Pérou, comprend 45,000 milles carrés et plus de 1,326,000 habitans.

Le *Pérou du nord* est partagé en trois départemens, savoir :

Lima....................	149,112 habit.
Libertad................	230,967
Junin...................	201,259
Pampas..................	250,000

Lima, la capitale du Pérou du nord, renferme

70,000 âmes ; cette ville est fréquemment bouleversée par des tremblemens de terre ; la ville de Truxillo en compte 14,000, et Tarma 10,500.

L'université de Lima compte 55 étudians.

L'état du *Pérou du sud* (Estado sud peruano), comprend quatre provinces :

Arequipa avec	136,075 habitans
Ayacucho	111,559
Cuzco	216,332
Pugno	30,917

La ville de Cuzco, capitale de cette partie du Pérou, renferme 46,000 habitans. Son université, qui date de 1692, fut réformée en 1828.

L'érection de la république du Pérou du Sud eut lieu en 1835.

L'état des finances des deux Pérou n'est pas connu avec précision ; pourtant on admet que leurs revenus montent à 39,000,000 de francs, et les dépenses à 37,000,000. Il y aurait donc 2 millions d'excédant des revenus sur les dépenses. La dette est évaluée à 147,590,000 fr.

La force armée consiste en 3,000 hommes ; la marine se compose de 1 vaisseau de ligne, d'une frégate et de 5 petits navires.

BOLIVIE.

La république de Bolivie, ainsi nommée en l'honneur de Bolivar son libérateur, comprise entre 60° et 73° de latitude ouest, et entre 11° et 24° de latitude sud, est bornée au nord, par le Pérou et le Brésil; au sud, par la république de Buenos-Ayres et le Chili; à l'ouest par le Pérou et le grand Océan; à l'est, par le Brésil et le Paraguay.

La Bolivie se divise en six départemens, dont voici les noms, l'étendue et la population.

Départemens.	Mil. car.	Population.
La Paz.............	1,880	300,000
Oruro.............	400	80,000
Pobosi.............	1,500	200,000
Cochabamba.......	2,600	250,000
Dhuquisoca........	1,620	175,000
Santa Cruz de la Sierra	7,000	25,000
Total........	15,000	1,030,000

La Paz d'Agacucho, la capitale, comprend 4,000 habitans; la ville de Cochabamba en compte 30,000 et celle de Chuquisaca 12,000. Cobija est le seul port que possède cette république.

Les habitans se divisent en :

250,000 Créoles de la race espagnole,
250,000 Mestiches,
530,000 Indiens de la nation de Quichu.

Le culte catholique est professé par tous les habitans.

Plusieurs gymnases et une université propagent les lumières dans ce pays.

L'esclavage est aboli dans la Bolivie.

Le pouvoir législatif réside dans trois chambres: la chambre des Tribuns connaît spécialement des finances et des affaires intérieures; la chambre des Sénateurs surveille l'administration de la justice et dirige les affaires du clergé; la chambre des Cénieurs est le pouvoir intermédiaire qui applique la loi, et dans certains cas la réforme, ou y supplée. Le pouvoir exécutif est confié à un président élu à vie et à un vice-président. La constitution de la Colombie a été proclamée le 25 août 1826. Un livre des lois fut publié en 1836 sous le titre de *Codigo Santa-Cruz.*

La république possède un ordre de la Légion d'Honneur institué en 1836 par le président de Santa-Cruz.

Les revenus de la république de Bolivie s'élèvent à.................. 1,700,720 dollars.

Les dépenses à......... 1,586,026

Excédant............. 114,694

La dette s'élève à...... 1,500,000

L'armée régulière se compose de 2,000 hommes.

CHILI.

La république du Chili, située entre 72° et 77° de longitude ouest, et entre 25° et 44° de latitude australe, est bornée au nord par la Bolivie; au sud, par la Patagonie; à l'ouest, par le grand Océan; à l'est, par les Andes qui la séparent de la république de la Plata.

La république se partage en huit provinces dont voici la nomenclature.

Provinces.	Mil. car.	Population.
Coquimbo	1,502	30,000
Aconcagua	422	100,000
Saniago	400	180,000
La Colchagua	383	130,000
Maule	188	50,000
Concepcion	246	70,000
Valdivia	35	7,000
Archipel Chiloë (1)	172	35,000
	3,348	602,000

(1) Juan Fernandez, île espagnole dans le Grand-Ocean ou Océan Pacifique, entre 79° de longitude ouest et 33° 39' de latitude sud, est censee appartenir à la république de Chili. Dans la partie montagneuse, cette île abonde en bois de sandal et autres bois precieux; ses rivages sont la retraite des lions de mer. L'intérieur

Quelques géographes-voyageurs établissent la superficie du Chili à 6,600 milles carrés, et sa population à 1,500,000. Faute de données exactes, nous citons ces chiffres sans confirmer.

Diversité des habitans:

Blancs et Créoles de la race espagnole..............	110,000
Métis et Mulâtres..........	125,000
Indiens..................	327,000
Nègres..................	2,000

La religion catholique est professée presque par tous les habitans. Le clergé est peu nombreux.

Villes principales:

Saniago..........	66,000
Valparaiso.......	26,000
Concepcion.......	10,500

La forme du gouvernement de Saniago, est démocratique. Le pouvoir législatif est exercé par un sénat composé de neuf membres élus pour six ans et par une chambre nationale composée de cinquante membres au moins et de deux cents membres au plus. La chambre nationale, est élue

---

de l'île de Juan Fernandez présente des sites d'une incomparable beauté. L'atmosphère y est toujours pure.

Pour la commodité des bateaux baleiniers, qui relâchent dans le hâvre de cette île, on y a établi des bouées.

pour huit ans et se renouvelle par huitième tous les ans. Le pouvoir exécutif est confié à un président choisi pour quatre ans. Un conseil-d'état prépare les projets de lois, veille sur les affaires les plus importantes et nomme les ministres.

Les finances du Chili présentaient en 1835, une somme de 1,840,204 dollars. Un sixième du budget des dépenses est destiné à payer la dette contractée en Angleterre et qui se montait à 1,000,000 de livres sterling, dont 420,000 sont déjà amortis. La dette intérieure est soldée avec le même empressement; en quatre ans, 1 million de dollars des obligations a été payé.

L'armée se compose de 3,000 hommes; la marine est réduite à 2 voiles.

ARAUCANIE.

Dans le sud des Andes du Chili, vit une peuplade aborigène qui, jusqu'à présent, a su se préserver de la domination des Européens. Le pays occupé par les Araucaniens est peu connu ; pourtant on estime sa superficie à 4,703 milles carrés, et sa population de 4 à 500,000 âmes. Les peuplades libres de l'Araucanie ont conclu avec le Chili un traité de bonne amitié.

PATAGONIE.

La Patagonie et l'archipel Magellanique occupent l'extrême pointe méridionale de l'Amérique australe.

Le territoire est évalué à 20,816 milles carrés, et la population à 150,000. Ce pays, peu connu, est habité par un *peuple géant*, dont la taille pourtant ne dépasse guère 6 pieds. Les Patagons ont le teint cuivré, la tête énorme, les cheveux noirs, le nez écrasé, la bouche large et garnie de grosses lèvres ; ils sont encore à l'état sauvage et ne s'occupent que de la chasse et de la pêche. La république de Buénos-Ayres cherche à conquérir ce pays, qui, jusqu'à présent, a su se conserver indépendant.

RIO DE LA PLATA.

Les Provinces-Unies de Rio de la Plata (Provincias-Unidas del Rio de la Plata), connues aussi sous le nom de la république Argentine, sont situées entre 59° et 72° de longitude ouest, et entre 20° et 41° de latitude sud.

Cette république est bornée au nord par la Bolivie; au sud, par l'Océan atlantique et la Patagonie; à l'ouest, par la Bolivie, le Chili et la Patagonie; à l'est, par le Paraguay, l'Uruguay et l'Océan atlantique.

La confédération Argentine se compose des onze (1) provinces suivantes :

Buenos-Ayres	avec	420,000	habitans.
Cordova.....	—	315,000	
Mendoza	—	103,330	
San Juan....	—	103,330	
San Luis.....	—	103,330	
Rioja	—	87,500	
Catamarca...	—	105,000	
Estero.......	—	210,000	
Santa Féz....	—	52,500	
Entre Rios...	—	105,000	
Corrientes ...	—	140,000	
		2,024,990	

On suppose actuellement que la population doit monter à 2,400,000 âmes.

L'étendue du territoire de toute la république Argentine est évaluée à 50,000 milles carrés.

La population se compose de :

600,000 Créoles de la race espagnole.
600,000 Mesticos.

(1) M. Miller prétend que la Plata se divise en quinze provinces; Balbi n'en compte que de quatorze. Nous attendrons des renseignemens plus positifs.

800,000 Indiens.
25,000 Nègres.

Les habitans professent généralement la religion catholique. Le pouvoir spirituel réside dans quatre évêques.

La république possède à Buenos-Ayres la meilleure université de l'Amérique méridionale, une école normale, nombre d'établissemens d'instruction, des sociétés industrielles et une bibliothèque publique.

Buenos-Ayres compte 90,000 habitans ; San Juan de la Frontera en a 20,000 ; Mendoza, 16,000 ; Tucuman, 12,000 ; et Cordova, 11,000.

L'administration et le gouvernement de cette république ne sont pas encore complètement organisés : le principe démocratique domine dans l'administration des provinces ; le président tient provisoirement les rênes de l'état. Les sénateurs sont au nombre de 48 ; la chambre des députés se compose de 88 membres.

Les finances, en 1836, présentaient

11,727,446	dollars de revenus, et	
8,439,165	—	de dépenses,
3,288,281	—	d'excédant.

La dette dépasse 42 millions de dollars.

La force armée, en 1826, présentait un effectif

de 30,000 hommes, et une flotte de 20 voiles. Aujourd'hui le contingent des troupes ne se compose que de 10,000 hommes, et la marine se réduit à 2 ou 3 goëlettes.

URUGUAY.

La république de l'Uruguay, appelée autrement l'état oriental de l'Uruguay (Banda oriental), constituée indépendante depuis 1828, gît entre 52° et 61° de longitude ouest, et entre 30° et 35° de latitude sud.

Cet état est borné au nord par le Brésil ; au sud, par l'Océan atlantique et la Plata ; à l'ouest, par le même état ; à l'est, par le Brésil et l'Océan atlantique.

Le territoire se compose de 10,000 milles carrés, et se divise en 9 départemens, savoir : Montévideo, Maldonado, Canelones, Santa José, Colonia, Soriano, Paisandu, Durango, Cerro-Largo.

La population s'élève à 175,000 âmes. La capitale, Montévideo, ne renferme que 15,000 habitans.

Les principaux articles de la constitution sanctionnée et proclamée le 18 juillet 1830, par les deux chambres (la première de 9 sénateurs et la seconde de 29 délégués), proclament la liberté des cultes, la liberté de la presse, l'institution du jury, d'une garde bourgeoise dans tous les départemens de la république; le privilége de citoyen à chaque étranger qui vient s'établir dans le pays. L'armée régulière seule est sous un réglement sévère, moins cependant le bataillon des 400 résidant à Montévideo. Le code Napoléon est introduit en entier, sauf quelques changemens. La république organise et subventionne les écoles publiques. Dans chaque ville, bourgade ou village, il y a une école primaire.

PARAGUAY.

Le Paraguay est situé entre 56° et 61° de longitude ouest, et entre 20° et 28° de latitude nord.

Il est borné au nord, par la Bolivie et le Brésil; au sud par la Plata; à l'ouest par la même république; et à l'est par le Brésil.

Le Paraguay comprend 6,913 milles carrés et 600,000 habitans. Le pays est divisé en huit départemens qui sont : Assumpcion, Villa Réal, Saniago, Concepcion, Curuguatay, Candelaria, San Fernando et San Hermengildo.

Les habitans se divisent en :

60,000 Créoles de la race espagnole.
200,000 Mesticos.
340,000 Indiens.

La ville capitale, Assumpcion, renferme 9,000 habitans, qui professent tous la religion catholique.

Le gouvernement du Paraguay est monarchique ou plutôt patriarchal. Les bourgeois seuls jouissent de l'égalité. La chambre des représentans qui se compose de quarante-deux membres n'est qu'un conseil d'état auprès du docteur Francia, jésuite, qui exerce le pouvoir dictatorial; cette sorte de monarque gouverne et tyrannise le pays; cependant tous ses actes tendent à imprimer à cette nation indolente l'amour du travail et du progrès. On assure que ce législateur réussit : le Paraguay est considéré comme l'état le plus florissant de l'Amérique méridionale ; il n'a point de dettes ; le chiffre exact de ses revenus est inconnu. L'entrée du pays est défendue aux étrangers sous peine d'emprisonnement ; nous manquons donc de renseignemens plus détaillés.

L'armée se compose de 8,000 soldats, divisés en quatre légions. La milice présente 30,000 hommes. Une petite flotte est en rade dans le port de Parama.

BRÉSIL.

L'empire du Brésil, compris entre 37° et 75° de longitude ouest, et entre 4° de latitude nord et 33° de latitude sud, est borné au nord, par la

Colombie, la Guyanne ; au sud, par l'Océan atlantique, l'Uruguay et le Paraguay ; à l'ouest, par la Plata, le Paraguay, la Bolivie, le Pérou et la Colombie ; à l'est, par l'Océan atlantique.

La superficie de cet empire présente trois quarts de la surface de l'Europe entière, 129,295 milles carrés ; mais sa population n'est que de 5,130,400 ames. Quelques statisticiens ne la portent qu'à 5 millions ; d'autres en font monter le chiffre jusqu'à 5,256,418. Voici quelle est la division des nationalités des habitans d'après les derniers calculs :

Portugais et Créoles.....	900,000
Mesticos libres...........	600,000
— esclaves..........	250,000
Nègres libres............	180,000
— esclaves..........	2,926,418
Indiens convertis........	300,000
— indépendans.....	150,000

Le territoire se divise en 19 provinces, dont voici la nomenclature Rio de Janeiro, San Paulo, Santa Catharina, San Pedro, Matto Grosso, Goyaz, Minas Geraez, Espirito-Santo, Bahia, Seregipe, Alagoas, Pernambuco, Parahyba, Rio Grande, Ceara, Pianhy, Maranhao, Para, Rio Negro.

Villes principales.

Rio Janeiro...	160,000	Villa Réal....	27,000
Bahia.........	120,000	San Luis.....	26,500
Pernambuco...	62,000	Aracati.......	26,000
Seregipe......	36,000	Villabella....	25,000
San Paulo.....	30;000	Natal........	18,200
Para..........	28,000	Cachoeira.....	16,000

En 1816, on trouvait dans l'empire du Brésil, 12 cités, 67 villes, 6,000 villages, 17 ports et 25 îles.

La religion catholique est généralement professée au Brésil, excepté par les Indiens indépendans. Le clergé brésilien se compose d'un archevêque, six évêques, et deux prélats; il y a un grand nombre de cloîtres et couvens dans l'empire.

Vainement un traité conclu en 1830 avec l'Angleterre prohibe le trafic des esclaves et défend la traite des noirs, ces ignobles marchés sont communs au Brésil, et ont même augmenté de chiffres; mais ils ne se font plus que clandestinement. Jadis le nombre d'esclaves achetés annuellement montait à 24,000 têtes; en 1827, on a introduit 24,748 nouveaux nègres; en 1836, 150 navires portugais vendirent 40,000 de ces malheureux à raison de 1,000 francs la pièce! Dans la même année, 9,000 colons arrivèrent dans le Brésil; 6,000 des nouveaux venus provenaient des îles Açores.

La forme du gouvernement brésilien est jusqu'à présent la monarchie constitutionnelle. Mais des fermens de révolution travaillent ce vaste pays qui semble désirer la liberté dont jouissent leurs voisins les Etats-Unis.

Les finances du Brésil se montent à 10,000,000 dollars. La dette publique dépasse 86 millions.

L'armée brésilienne se compose de 60,000 hommes, dont à peine 15,000 de troupes régulières. La marine compte 116 voiles, 3 vaisseaux de ligne, 10 frégates, 9 chaloupes, 18 bricks, 16 schooners, 28 canonnières, 32 bâtimens de transport.

N'oublions pas de noter que la population aborigène, les Indiens, possèdent encore près d'un septième du territoire américain. Cette partie n'est pas tombée encore sous la domination des peuples d'Europe; mais les colons d'Europe s'avancent toujours dans le pays, et, soit par force, soit par des traités, ils refoulent tous les jours les Indiens vers le Nord. La surface occupée par les Indiens est évaluée à 95,660 milles carrés; la population monte à 1,200,000 ames.

Tableau statistique des principaux etats de l'Amérique.

Etats.	Etendue en mil. car.	Population absolue.	Population relative.
Etats-Unis..........	44,877	16,580,000	370
Mexique	46,685	7,900,000	169
Guatemala	9,606	1,900,000	198
Antilles...........		3,000,000	
Haiti	1,385	936,000	672
Cuba............	2,000	704,500	352
Jamaïque........	270	360,000	1,333
Porto-Rico.......	180	140,000	777
Martinique.......	15	116,031	7,735
Colombie..........	57,306	3,066,000	54
Pérou	45,000	1,326,000	29
Bolivie	15,000	1,030,000	68
Chili..............	3,348	602,000	179
Araucanie..........	4,703	500,000	106
Patagonie..........	20,816	150,000	7
Rio de la Plata.....	50,000	2,024,990	40
Uruguay	10,000	175,000	18
Paraguay	6,913	600,000	86
Brésil.............	129,295	5,130,400	32
Indiens............	95,660	1,200,000	12
Possessions européennes.			
Angleterre.........	46,857	2,379,888	51
Danemarck.........	3,059	61,300	20
Espagne	2,504	1,090,600	431
France	1,855	280,140	152
Hollande...........	511	85,000	166
Russie.............	17,500	50,000	3
Suède	2	18,000	9,000

OCÉANIE.

OCÉANIE.

L'Océanie ou Monde maritime, une des cinq parties du monde, située entre l'Asie, l'Afrique et l'Amérique, est comprise entre 90° de longitude est, et 111° de longitude ouest, et entre 34° de latitude nord, et 56° de latitude sud.

La superficie de l'Océanie est diversement évaluee par les géographes et les statisticiens; les auteurs allemands, qui rattachent la Malaisie à l'Asie, donnent au Monde maritime 158,000 milles carrés d'étendue; tandis que M. Balbi, au contraire, comprend la Malaisie dans l'Océanie, et évalue la surface totale à 193,750 milles carrés; enfin le célèbre voyageur Rienzi porte ce chiffre à 198,506 milles carrés.

La même diversité d'opinion se rencontre dans les mêmes auteurs quant au nombre des habitans. M. Balbi pose le chiffre de 20,300,000 âmes; M. Rienzi, de 25,150,000

Il est à remarquer que MM. Balbi et Rienzi s'accordent sur le point de joindre la Malaisie à l'Océanie.

Voici, suivant M. Rienzi, la division de cette partie du monde, avec l'étendue en lieues carrées de 25 au degré, ainsi que sa population absolue.

	Lieues car.	Population.
Malaisie..........	100,000	21,600,000
Micronésie........	1,250	
Polynésie	18,600	1,150,000
Mélanesie.........	381,000	2,400,000
	500,850	25,150,000

D'autres auteurs n'établissent que trois divisions, la Malaisie ou Notasie, appelée aussi grand Archipel indien, au sud-est de l'Asie ; la Mélanésie ou Australie, connue généralement sous le nom de Nouvelle-Hollande, à l'est de la Malaisie ; et la Polynesie, qui se divise en Polynésie boréale que M. Rienzi appelle Micronésie et en Polynésie australe : cette dernière partie se compose des îles qui surgissent dans le Grand-Océan, entre l'Asie et l'Amérique.

Avant d'énumérer tous les états et colonies qui forment ces trois parties du monde maritime, nous allons donner quelques notions sur l'aspect physique de ces contrées.

Les îles qui composent l'Océanie ont un aspect très-variable : les unes présentent des masses de rochers, s'élevant à la hauteur de 2,483 toises, et offrent des traces de volcans ; on y trouve même des volcans en combustion ; les autres sont basses et formées par des bancs de corail.

Le plateau qui se trouve dans l'intérieur du continent austral (Nouvelle-Hollande) s'élève de 300 à 380 toises au-dessus du niveau de la mer. Des vallées et des plaines se trouvent sur ce continent, de même que dans plusieurs îles, à Sumatra, Bornéo, Java, Célèbes, Luçon, etc. Cette partie du monde dans toute son étendue n'a pas de déserts proprement dits ; mais on y rencontre souvent des solitudes.

Les plus grandes rivières qui arrosent cette partie du monde coulent dans la Nouvelle-Hollande, ainsi le Macquarie, le Lachlan, le Paterson et le Hawkesbury ; dans l'île de Sumatra, l'Andragiri et Palembang ; le Pontyanak et le Bandermassin dans l'île de Bornéo.

L'Océan est la seule mer de toute cette contrée; cependant on a donné abusivement le nom de mer à quelques nappes d'eau, il est vrai considérables, telles que la mer de Java, située entre Java et les îles de Sumatra, Banca, Billiton et Bornéo ; la mer de Célèbes, à l'est nord de Sumatra ; la mer de Soulou, de Mindoro ou des Philippines, plus au nord de Bornéo ; enfin la mer des Moluques ou des Epices, à l'est de la mer de la Sonde. Toutes ces nappes d'eau se trouvent dans la Malaisie. Une partie de l'Océan à l'est-nord de la Nouvelle-Hollande prend la dénomination de mer de Corail.

Les trois plus grands golfes de l'Océanie sont : celui de Carpentarie, dans le nord de la Nouvelle-Hollande ; la baie de Geelwink, sur la côte septentrionale de la Nouvelle-Guinée ; et la baie de Maccluer, qui découpe profondément cette île au sud-ouest. Le golfe ou baie de Tomini, dans l'île de Célèbes, est plus remarquable par sa longueur que par sa largeur.

L'Océanie comprend un nombre considérable de détroits ; les plus connus sont ceux de Malacca, de Banca, de la Sonde, de Gilolo, de Macassar, des Moluques, de Dampier, de Saint-Georges, de Torrès, de Bass. Ces détroits sont tous compris dans la Malaisie et l'Australie.

On divise l'Océanie en trois régions sous le rapport du climat. La première région renferme la Malaisie, qui est soumise à deux moussons, l'une sèche, l'autre pluvieuse, et qui occasionnent deux saisons différentes, de chacune six mois; tandis que l'une régne au nord de l'équateur, l'autre se fait sentir au midi. — La Polynésie, qui forme la deuxième region, jouit d'un climat généralement tempéré par des brises de terre et de mer qui rafraîchissent l'atmosphère et font de la plupart de ces îles un séjour délicieux. Le printemps perpétuel qui y règne n'est que rarement troublé par les ouragans ou par les tremblemens de terre occasionés par le voisinage des îles à volcans ou qui en sont voisines. — L'Australie, troisième région, a plus de variabilité dans son climat ; car quelquefois elle est exposée à des excès de température étrangers aux deux autres régions. Cependant la tension de l'atmosphère participe plus généralement des degrés subis par les deux autres régions.

La température de l'Océanie, à l'exception des côtes basses et marécageuses de quelques îles, telles que celles de Java dont l'air est presque pestilentiel, est douce et généralement saine.

HAUTEURS DE QUELQUES MONTAGNES DE L'OCÉANIE.

Malaisie.

Gounong-Kosumbra...	Sumatra...	2,316
Prahou...............	Java......	2,000
Monts de Cristal.......	Bornéo....	1,300
Mont Mayou...........	Philippines.	1,700
Mont Lampo Batan....	Célèbes....	1,200
Le pic de Ceram.......	Moluques..	1,333

Australie.

Le pic à l'est de la colonie de la rivières des Cignes, s'élève à	1,600
Sea-Viem-Hill, dans la Nouvelle-Galles, à	1,017
Le point culminant de la Nouvelle-Guinée, à.........................	2,500
Le point culminant de la Nouvelle-Calédonie, à	1,200
Les pics des îles Santa-Isabella et Guadaleanar, à	1,700
Le pic Egmont dans la Nouvelle-Zélande, à	1,275

Polynésie.

Le Piton-Crozer	Oualan	348
Le Volcan............	Assumpcion	1,000
Mauna-Roa...........	Hawaii. ...	2,483
Pic oriental...........	Maouri. ...	1,689
Le Pic..............	Atoni.	1,216
L'Oroéna............	Tahiti	1,705
Le Tobronon..........	——	1,500

PRODUCTIONS DE L'OCÉANIE.

Minéraux. — Comme ne connaît point encore l'intérieur des grandes terres de l'Océanie, on ne peut avoir que des données incomplètes sur les richesses minérales de cette partie du monde.

Diamans. — Ile de Bornéo.

Or. — Bornéo, Sumatra, Célèbes, Luçon, Mindanao, Timor.

Etain. — Banka, Sumatra, Billiton, Célèbes.

Cuivre. — Sumatra, Luçon, Timor, Célèbes, Nouvelle-Galle.

Plomb. — Iles Philippines, Nouvelle-Galle.

Fer. — Billiton, Sumatra, Célèbes, Bornéo, terre de Diémen.

Charbon de terre. — Nouvelle-Galle, terre de Diémen.

Sel. — Java, Célèbes, Bali, etc.

Vegétaux.—La végétation d'une grande partie de l'Océanie a beaucoup de rapport avec celle des côtes occidentales de l'Amérique et du midi de l'Asie. — Dans les îles de la Société. de l'archipel dangereux et les Marquises, on trouve des arbres à pain, dont les fruits forment la principale nourriture des indigènes, les eugenia, les mimosa, les palmiers, quelques fougères dans les parties montagneuses, etc. Les îles des Amis, des Navigateurs, Fidji produisent le Coripha umbraculifera dont les bras en éventail servent de toits aux sauvages, l'arbrus precatorius dont les grains d'un rouge de corail servent d'ornement aux indigenes ; à ces plantes, il faut joindre la patate, les ignames, les choux caraïbes, les spondias cythéréa dont les fruits sont appelés pommes de Cythère, plusieurs espèces d'hibiscus et le mûrier à papier, enfin le coton qui croît spontanément dans ces îles. Ces plantes se retrouvent dans la nouvelle Calédonie où l'on voit aussi le cocotier dont le tronc est couvert d'orchidées et de fougères parâsites, le bois de teck propre aux cônstructions navales, le bois de fer, etc., etc.

La nouvelle Guinée ou terre des Papous est couverte de forêts épaisses et très-élevées ; quant aux îles Carolines, Mulgraves et Sandwich, elles ont une végétation analogue à celle des îles que nous avons nommées jusqu'ici. Toutes les îles comprises entre le Continent asiatique et la Nouvelle-Hollande sont remarquables par la beauté de leur végétation et la richesse de leurs produits. Les épiceries de toute espèce y abondent : poivre, girofle, canelle, café, sagou, betel, sucre, gingembre, ainsi que les bois précieux de sandal, d'ébène, de teinture, etc., etc.

Les îles de l'Australie et surtout la Nouvelle-Hollande, offrent une multitude de plantes d'une physionomie particulière ; on en compte plus de cent familles différentes que nous ne pouvons nommer ici. Qu'il nous suffise de citer quelques végétaux extraordinaires, tels qu'une sorte de cerisier dont le fruit mûrit avec le noyau en-dehors, une espèce de poires qui ont la queue à la partie la plus large du fruit et quelques autres plantes qui présentent la particularité, les unes de croître à la surface des eaux, les autres, dans le sable pur, etc., etc.

Nous rappellerons aussi qu'à la Nouvelle-Zélande croît une espèce de lin qui fournit une matière textile d'une grande solidité.

Animaux. — Les animaux de l'Océanie présentent trois grandes modifications qui suivent à peu près les trois grandes divisions de climat.

Malaisie. Dans les îles de Sumatra et Bornéo viennent le tapir bicolore et les gibbons de Malaca, le tigre, l'éléphant indien, le buffle qui s'avance jusqu'à l'île Timor : ce sont les seuls animaux communs à l'Océanie et à l'Asie. Le rhinocéros unicorne de Sumatra et le bicorne de Java n'ont ni la forme ni les mœurs de ceux de l'Inde et sont beaucoup plus petits. Dans ces îles vivent aussi l'antilope noir, à crinière, etc., les chevrotains napu, kanchil, et pelandock, dont la taille n'atteint pas un pied; différentes espèces d'orangs (1) : les vouvous, les siamangs, les orangs proprement dits, le pungo qui a, dit-on, la force de dix hommes et que tous les Malais appellent homme (orang). A Bornéo et à Célèbes, le babiroussa ou cochon cerf, le chien papou dans toute la Malaisie et jusqu'à la Nouvelle-Hollande ; dans les Moluques, les phalangers, les petits kangarous ; dans les Moluques, les Timoriennes, la Nouvelle-Hollande, la chauve-souris frugivore, la roussette, la céphalote, l'écureuil volant. — Une multitude d'oiseaux et de gallinacées à hautes jambes, le casoar des Moluques et celui de la Nouvelle-Hollande sont aussi répandus dans la plupart de ces îles. — Une foule de reptiles inconnus aux autres parties du monde : le dragon ou reptile volant, les caméléons à front fourchu projetant deux grandes saillies, plusieurs serpens d'eau, quantité de couleuvres, la tortue molle de Java et un grand nombre de batraciens. — Les

(1) Plusieurs naturalistes prétendent que cette espèce de singes est celle qui se rapproche le plus de l'homme. Les phrenologistes lui donnent un cerveau très-developpe.

poissons, les insectes, les mollusques, les crustacés, y sont aussi excessivement nombreux et variés et présentent presque tous des formes et des couleurs nouvelles.

La *Polynésie* n'offre que bien peu d'espèces remarquables. Il n'en est pas de même de l'*Australie* et en particulier de la Nouvelle-Hollande dont tous les animaux présentent les caractères les plus étranges. Nous citerons seulement quelques-uns des plus bizarres : le kangurou, qui tient du chat, du rat et de l'écureuil, l'échidné épineux, qui paraît être ovipare, l'ornithorhynque à corps couvert de poil, à bec de canard, à pieds garnis d'ergots venimeux, pondant des œufs, créature fantastique que Dieu semble avoir jetée sur le globe pour renverser, par sa présence, les systèmes des naturalistes et confondre l'orgueil des savans; parmi les oiseaux, le casoar qui marche et peut voler, le cigne et cacatoès noir.

Les autres classes d'animaux présentent dans leurs genres et leurs espèces des singularités non moins remarquables.

POPULATION.

Races d'hommes. — Les nombreuses tribus qui habitent l'Océanie appartiennent à deux grandes familles bien distinctes : la *famille malaisienne* et la *famille negro-océanienne*. La première comprend les Javanais, les Insulaires de Bali, les Malais, proprement dits, les Battas ou Battaks, les Achinais ou peuples du royaume d'Achem, etc. En un mot, presque toutes les tribus insulaires de la Polynésie. A la seconde, appartiennent toutes les peuplades de l'Australie et du centre de l'Océanie. Dans cette famille, on doit distinguer les Papous que l'on appelle aussi Negro-Malais, parcequ'ils tiennent à la fois des deux familles de l'Océanie. — Un grand nombre de peuples étrangers, les Chinois, quelques peuples de l'Inde, les Arabes, les Japonais, les Hollandais, les Portugais, les Espagnols, les Anglais, etc., etc., comptent, dans l'Océanie, un grand nombre de membres de leurs familles.

Religions. — Les principales religions de l'Océanie sont le *Mahométisme*, professé par le plus grand nombre d'habitans de cette partie du monde, particulièrement les Javanais, les Malais proprement dits, les Achinais etc., etc. Le *Christianisme* dont les branches comptent aussi un grand nombre de croyans ; l'église catholique dans les possessions espagnoles et portugaises ; l'église calviniste, dans les possessions hollandaises et danoises ; l'église anglicane, dans la majeure partie des possessions anglaises de l'Australie. — Le *Boudhisme*, professé par quelques uns des étrangers qui habitent Java. — Le *Brahmanisme*, qui jadis dominait à Java, mais qui n'y compte plus que quelques sectateurs.

Le reste de l'Océanie se livre aux pratiques les plus grossières de l'idolâtrie la plus absurde.

Gouvernemens. — La forme de gouvernement, dans tous les états de l'Océanie, à quelques exceptions près, est aristocratique-féodale. Le roi qui gouverne dépend d'une sorte de noblesse qui oppresse et le roi et le peuple à la fois. Les possessions des Européens suivent ordinairement les formes régulières, modifiées cependant, des diverses métropoles auxquelles elles appartiennent. — A l'exception des établissemens européens, toute l'Océanie est étrangère aux perfectionnemens et aux bienfaits de la civilisation.

Industrie. — Les peuples de la famille négro-océanienne ne se livrent à aucune espèce d'industrie; la plupart ignorent les arts et les métiers les plus indispensables aux hommes réunis en société; nous en exceptons les Papous, qui font d'assez belles poteries. Les peuples de race malaie, au contraire, s'adonnent avec succès à l'agriculture, à la navigation, à la pêche, quelques uns mêmes à l'exploitation des mines. Ceux de la Malaisie sont assez bons tisserands. La plupart, comme les tribus policées d'Asie, dont ils sont voisins, travaillent habilement les bijoux, les ornemens en or, en argent, et les ouvrages en filigrane. Les Malais de Bornéo et de Java taillent et polissent le diamant et les autres pierres précieuses; les Javanais fournissent aux Européens de toute la Malaisie des meubles en bois artistement travaillés. Dans la Polynésie, les indigènes des îles Sandwich font, avec l'écorce du mûrier, des étoffes remarquables; les Carolins fabriquent de beaux tissus; les habitans des îles Fidji, des Amis, de la Société, se distinguent aussi par leur industrie. Dans l'Australie, ceux de la Nouvelle-Zélande confectionnent des manteaux avec le phormium tenax ou lin du pays. Les peuples de cette dernière région, ceux de race nègre, comme aussi presque tous les Polynésiens, ont beaucoup de goût pour la sculpture et l'architecture; leurs pirogues, leurs cabanes et leurs temples sont couverts d'ornemens qui attestent une grande adresse et une merveilleuse perspicacité.

Commerce. — Le véritable siége du commerce de l'Océanie est la Malaisie. C'est là qu'il paraît avoir été exercé de tout temps avec une grande activité. Dans l'Australie, le commerce est presque nul parmi les indigènes; et dans l'Australie, il n'y a guère que les habitans des Carolines et des Sandwich que l'on puisse regarder comme peuples commerçans. Le grand ressort des opérations commerciales de l'Océanie est mû par les commerçans étrangers qui viennent en foule apporter les produits de leur industrie, et prendre en retour les innombrables productions de cette partie du monde. Les Chinois font le plus d'affaires en Océanie; ils y sont ce qu'étaient en Europe les

Juifs au moyen-âge; après eux, viennent les Anglais, les Hollandais, les Portugais, les Français, les Danois, etc.

Les principaux articles d'exportation reposent sur les productions du sol, telles que noix muscades, clous de girofle, canelle, poivre, café, riz, étain, or, perles, diamans, ivoire, nids d'oiseaux, bois de sandal, bois de marquetterie, indigo, cire, sucre, coton, tabac, bois de construction, camphre, térébenthine, bétel, ambre gris, charbon de terre, blé, chevaux, fourrures, lin, laine, huile et fanons de baleines, écailles de tortues, oiseaux de paradis, cocos, gingembre, sagou, joncs, rottins, noix d'arec, bambous, etc.

Les principaux articles d'importation sont: opium, sel, toiles ordinaires, soieries, objets d'habillement, porcelaines, cuivre, huile, savon, vin, liqueurs, armes blanches et à feu, poudre, et un grand nombre d'articles provenant des fabriques et des manufactures européennes.

DIVISIONS POLITIQUES.

Océanie occidentale ou Malaisie.

La Malaisie est située entre 93° et 132° de longitude est, entre 12° de latitude sud, et 21° de latitude nord.

Cette grande section de l'Océanie comprend les belles contrées connues sous le nom de Grand-Archipel asiatique et d'Archipel indien.

On divise la Malaisie en six groupes d'îles, qui sont ceux de Sumatra, de Java, de Sumbawa, de Timor, des Moluques, de Célèbes, de Bornéo, des Philippines.

SUMATRA.

L'île de Sumatra présente plusieurs divisions: ainsi le royaume d'Achem, qui embrasse l'extrémité septentrionale. Sa capitale, du même nom, possède 40,000 habitans. — Le royaume de Siak sur la rive orientale. — Le pays de Battas dit aussi Batak, espèce de confédération d'un grand nombre de chefs de districts indépendans.

Les Hollandais, outre leurs possessions particulières, dans l'île de Sumatra, tiennent encore des garnisons dans plusieurs portions de cette île, dans le ci-devant empire de Menang-Kabon, le royaume de Palembang, et dans le pays des Lampongs.

Les îles du groupe de Sumatra sont presque toutes régies par un ou plusieurs chefs ou dradjahs indépendans; quelques-uns se reconnaissent vassaux des Hollandais.

JAVA.

Cette grande île forme le noyau des possessions hollandaises dans l'Océanie, en même temps qu'elle est la contrée la plus peuplée et la plus florissante de cette partie du monde. Elle comprend 2,355 milles carrés et 4,900,000 habitans. La ville de Batavia, capitale du Javanais, renferme 56,000 âmes, dont 24,000 Javanais, 15,000 Chinois, 13,000 esclaves, 3,100 Européens, 900 Arabes. Java est divisée en 20 résidences ou provinces.

SUMBAWA-TIMOR.

Cet archipel se compose des îles suivantes : Sumbawa, Flores, Solor, Timor, Simao, Rotti, Dao, Savou, Sumba. Toutes ces îles et groupes se divisent en une infinité de royaumes, dont le seul groupe de Timor compte soixante-trois. Les chefs de ces petits états sont presque tous tributaires du Portugal ou de la Hollande.

MOLUQUES.

Cet archipel comprend : le groupe d'Amboine composé de 11 îles ; le groupe de Banda, et le groupe des Moluques ou de Gilolo, où l'on devait fonder de grandes pêcheries de la baleine. — L'archipel des Moluques est sous le gouvernement plus ou moins immédiat des Hollandais.

CÉLÈBES.

Ce groupe, composé de l'île du même nom et des îles environnantes, appartient en partie à la Hollande ; ce qui ne lui appartient pas en propre, reconnaît sa suzeraineté. Les Célèbes, qui ne dépassent pas en étendue plus de 1,150 milles carrés, comptent plus de 3,000,000 d'habitans ; les îles qui forment le groupe des Célèbes, sont partagées en plusieurs royaumes dont les principaux sont : le royaume de Boni, celui d'Ouadjou, celui de Louhou et celui de Macassar, le plus grand.

BORNÉO.

Ce groupe renferme l'immense île du même nom et les îles environnantes. — L'île de Bornéo est divisée en un grand nombre de petits états ; les uns dépendent des Hollandais; les autres du sultan du Soulou ; enfin d'autres états conservent leur indépendance. Les royaumes les plus importans de l'île proprement dite, sont ceux de Bornéo, de Passir et de Cotti.

Les îles qui dépendent géographiquement de Bornéo, sont : la Grande-Nantua, les Anambas, Carimata, Grand-Solombo, Poulo Laut, Maratoba, Cagayan et Balambangan.

PHILIPPINES.

Cet archipel, nommé par quelques anciens navigateurs archipel de Saint-Lazare, se compose d'environ un millier d'îles, parmi lesquelles neuf sont remarquables par leur étendue. Toutes ces îles sont plus ou moins dépendantes des Espagnols, et forment la capitainerie générale des Philippines, dans laquelle se trouvent aussi comprises les Mariannes, un des archipels de la Polynésie.

Manille est la plus grande de toutes les îles de l'archipel des Philippines ; son étendue égale celle de tous les autres îlots ; après elle, viennent Mindanao, île considérable ; l'archipel Soulo (formant un seul royaume dont le sultan règne aussi sur le groupe de Cayagan, sur l'extrémité septentrionale de l'île de Bornéo et sur une grande partie de l'île Paragoa) ; l'île Paragoa ou Palaouan (Palawan). Nous ne nous arrêterons pas à la nomenclature de tous les royaumes, états et pays qui divisent politiquement l'archipel des Philippines. Ces états n'ont d'indépendance qu'autant qu'il convient à leurs suzerains européens de leur en laisser. Le seul royaume de Soulou est indépendant ; mais cet état, dont les habitans font métier de piraterie, est le fléau du commerce de ces mers ; quelques auteurs l'ont appelé pour cette raison l'Alger de l'Océanie.

Australie ou Océanie centrale.

L'Australie, située entre 76° et 181° de longitude est, et entre 1° de latitude nord et 55° de latitude sud, entre la Malaisie et la Polynésie, renferme en terre ferme 139,095 milles carrés et plus de 200,000 habitans, et en îles 15,794 milles carrés et 665,300 habitans.

Le Continent de l'Australie, appelé généralement Nouvelle Hollande, est presque égal à l'Europe en étendue; l'intérieur de cette contrée n'est pas connu; les côtes seules sont colonisées par les Anglais, qui d'abord n'ont occupé que la moitié orientale de ce continent; mais actuellement ce peuple commerçant a agrégé ce territoire tout entier à son vaste empire.

La ville de Sydney, capitale des établissemens anglais, compte 10,000 habitans. Cette cité est célèbre par Botany-Bay, lieu d'exil pour les criminels de l'Angleterre.

Les colonies anglaises de l'est, se divisent en comtés, et sont au nombre de dix: Cumberland,

Campden, Argyle, Westmoreland, Northumberland, Roxburgh, Lodonderry, Durham, Air, Cambridge; au sud, on trouve : les terre de Grant, terre de Baudin, terre de Flinders, terre de Nuyts; à l'ouëst, les terre de Swan (rivière de Cygnes), terre d'Edels, terre d'Endracht; au nord, les terre de Witt, terre de Van Diemen du nord, terre d'Arnheim et terre de Carpentarie.

La Nouvelle Hollande est séparée, de la terre de Diémen ou Tasmanie, groupes d'îles dont le climat est très-rigoureux, par le détroit de Bass. Les habitans de l'île de Diémen, sont noirs et à cheveux laineux; ils différent en plusieurs points de ceux de la Nouvelle Hollande et ignorent l'usage des canots.

Les îles qui sont au nord-est de la Nouvelle Hollande, sont classées par les géographes en huit groupes, dont voici les noms: groupe de la Papouasie (Nouvelle Guinée), Archipel de la Louisiade, ceux de la Nouvelle Bretagne, de Salomon, de La Pérouse, de Quiros, groupe de la Nouvelle Calédonie, celui de Norfolk. — Les groupes de la

Polynésie.

Cette contrée, qui s'étend au nord et à l'est de la Nouvelle Hollande, èst comprise entie 125° de longitude est, et 105 de longitude ouest; et entre 25 de latitude nord et 56° de latitude sud.

La Polynésie, comme l'indiquent les deux mots d'origine grecque qui forment son nom, se compose d'un grand nombre d'îles, généralement disposées en chaînons ou groupes plus ou moins grands; toutes ces îles sont extrêmement petites comparativement aux vastes terres qui appartiennent aux deux autres parties de l'Océanie.

L'île de Hawaï (Sandwich — Voyez la fin de cette notice), dans l'Archipel de ce nom, est la plus grande terre connue de la Polynésie, n'a que 215 milles carrés d'étendue.

La Polynésie est partagée en 16 archipels, dont voci la nomenclature:

Mounin volcanique,	Hamoa ou de Bougainville.
Mariannes,	Kermadec.
Palaos,	Cook.
Carolines,	Toubouai.
Archipel central ou de Mulgrave,	Taïti.
Vili,	Paumotou ou Iles Basses.
Tonga,	Mendana
Ooua-Horn,	Sandwich.

Toutes les îles de la Polynésie, à l'exception du groupe des Mariannes, restent sous la domination des chefs indigènes, mais les Anglais et les Américains, y exercent une grande influence par leurs relations commerciales.

Voici quelques détails sur l'île de Taïti et le groupe de Sandwich, principaux points de commerce de ces parages.

TAITI.

Cette île est située par 18° de latitude sud et 152° de longitude ouest, formant deux presqu'îles jointes par un isthme tellement peu élevé au-dessus de la mer, que cette île paraît en faire deux bien distinctes lorsqu'on l'attaque par sa partie nord.

On estime l'étendue de cette île à 120 milles de longueur sur 40 à 50 de largeur. Taïti est en quelque sorte la reine du groupe des îles de la Société. Sa surface n'est qu'une continuité de montagnes très-élevées dont la plus haute, Oroena, est tellement à pic, que l'on ne peut aller au sommet. Au vent de l'île, sur le revers des principales montagnes, se voit celle de Papeida, où se trouve un grand lac d'eau douce. Les bords de la mer paraissent être les seuls lieux habitables, le terrain y étant plat. Des deux presqu'îles dont est formé Taïti, la première, Oporiounou, est plus grande que la seconde, Taiarapu, presqu'île du sud-ouest. L'isthme qui les unit se nomme Terravao.

Taïti se subdivise en un très-grand nombre de villages ou districts. On en compte 22, régis chacun par un *tavana* ou *tiaans*. Ces districts sont ceux de Matavaï, Papiti, Vahaaté-Ourou, Pounaouee, Tetaemo, Matoua, Tiaope, Outoupou, Papeote, Vaïouroua, Taoutira, Tioueouri, Avaïta, Pereouai, Maïna, Meiti et Papeno, etc.

La population de Taïti est de 8,000 âmes d'après le recensement fait en 1818. Ce calcul est loin de celui de Cook, qui, en 1769, l'estimait à 30 000 Le capitaine Wilson, en 1797, après des recherches minutieuses, l'évaluait à 16,000. On en pourrait conclure que la population a bien diminué; cependant tout donne lieu de penser qu'elle s'accroîtra; car, en 1802, les missionnaires Jefferson et Scott n'y trouvèrent que 7,000 habitans. La barbare coutume des sacrifices humains sur le Moraï, et le meurtre des enfans nouveaux-nés étant abolis, la population de Taïti ne peut qu'y gagner. — Le nombre des hommes est plus considérable que celui des femmes; il est dans la proportion de sept à cinq. On estime la population totale de l'archipel à 13,700.

L'île de Taïti est gouvernée par un roi. Un ancien usage fait mettre la couronne sur la tête du fils du roi, dès le moment de sa naissance; mais le père conserve son droit et son pouvoir, quoiqu'il perde son titre.

La famille royale fait sa résidence à Papaoa.

Le roi n'a de pouvoir réel que lorsqu'il est soutenu par les tavanas ou tiaans, gouverneurs des districts dont ils sont en quelque sorte les rois, et les raatiras ou juges supérieurs. Il y a un second ordre de juges qu'on nomme les havas. La volonté du roi ne peut être remplie sans le consentement et l'influence des tiaans, dont la puissance s'étend jusqu'à détrôner le roi quand il leur plaît.

Les tiaans et les ratiras forment le corps le plus formidable.

A la mort d'un chef, la femme jouit du pouvoir.

Le roi et les chefs occupaient autrefois les premières places sacerdotales; le roi disposait de la vie de ses sujets sans jugement; maintenant, nul ne peut être condamné à mort sans une procédure préalable ,

ILES DE SANDWICH.

Cet archipel comprend 11 îles, dont 7 seulement sont habitées, savoir : Hawaï (Oaihé, Ovaihi, Owhyhee), Maouvi, Woahu, Otoui, Tailoa, Tahoulua, Molakai. La surface de toutes ces îles comprend 300 milles carrés et 450,000 habitans. Les indigènes suivent une religion qui, bien que ressortant du catholicisme, a pourtant peu de ressemblance avec lui. Les missionnaires, qui la gouvernent, sont parvenus à fonder une gazette en langue nationale dans l'île, et plusieurs écoles qui comptent plus de 50,000 élèves à Hawai, l'île principale. — La civilisation fait de rapides progrès dans les îles de Sandwich.

D'après la gazette des îles de Sandwich, Honolulu, capitale d'Hawai, qui comptait 6,000 habitans, du 1 juillet au 14 décembre 1836, avait vu dans son port 154 navires : 80 appartenaient au pays, 56 aux Etats-Unis, et 17 à l'Angleterre et autres pays de l'Europe. — 170 navires, tant anglais qu'américains, étaient employés à la pêche de la baleine, au mois d'octobre de l'année 1836. Les pêcheurs de baleine ont pris, depuis trois ans, l'habitude de se rendre, à dater du mois de mai jusqu'au mois d'août, sur les côtes du Japon, où la pêche est, dit-on, plus abondante et plus facile. Le commerce d'importation consiste en vins de Madère, rhum, souliers de dames venant de Paris, fromage et genièvre de Hollande.

Possessions des Européens dans l'Océanie.

Les Hollandais qui possèdent les contrées les plus riches et les plus peuplées de l'Océanie, ont la prépondérance dans cette partie du monde; après eux, viennent les Anglais, qui sont maîtres des contrées les plus étendues, mais les moins peuplées.

Les Espagnols régissent la plus grande partie du superbe Archipel des Philippines et celui des Mariannes; la population de leurs possessions n'est inférieure qu'à celle des possessious hollandaises.

La domination des Portugais ne s'étend plus que sur les débris du vaste empire fondé dans l'Inde et la Malaisie par Albuquerque et ses vaillans successeurs pendant le dix-huitième siècle.

L'Océanie hollandaise est formée dans la Malaisie: de l'île de Java avec l'île de Madura; la plus grande partie de l'île de Sumatra et des Célèbes; une grande partie de celle de Bornéo et de l'Archipel Sumbawa-Timor; presque tout l'Archipel des Moluques et une fraction de la Papouasie.

Batavia, dans l'île de Java, est la capitale de ces possessions.

L'Océanie espagnole, se compose, dans la Malésie de l'Archipel des Philippines, d'une partie de Mindanao et d'une fraction de celle de Paragoa.

Dans la Polynésie de l'Archipel des Mariannes et de Manille.

L'île de Luçon est la capitale des possessions espagnoles.

L'Océanie anglaise comprend dans l'Australie presque la moitié de la Nouvelle Hollande, la Diemenie, le groupe de Norfolk.

Sydney est la capitale de l'Océanie anglaise. Les Anglais font une partie du commerce de la Polynésie.

L'Océanie portugaise, est réduite dans la Malaisie à la partie nord-est de l'île de Timor et aux deux petites îles de Sabrao et Solor.

DÉCOUVERTES.

Voici le tableau des époques des principales découvertes géographiques faites dans les diverses parties du monde depuis l'ère vulgaire.

Epoques des principales decouvertes.

1345 Les Canaries, découvertes par des navigateurs génois ou catalans.
1401 à 1405 Jean de Béthencour en fait la conquête.
1418 Porto Santo, découverte par Tristan Vaz et Zarco, Portugais.
1419 Madère, par les mêmes.
1440 Le cap Blanc, par Nuno Tristan, Portugais.
1448 Les Açores, par Gonzallo Vello, Portugais.
1449 Les îles du cap Vert, par Antoine Nolli, Génois.
1471 La côte de Guinée, par Jean Santarem et Pierre Escovar, Portugais.
1484 Le Congo, par Diego Cam, Portugais.
1486 Le cap de Bonne-Espérance, par Dias, Portugais.
1492 L'Amérique, île San Salvador, par Christophe Colomb.
1493 Les Antilles par le même.

1498 La Trinité, continent de l'Amérique, par le même.

1498 Les Indes, côtes orientale d'Afrique, côtes de Malabar, par Vasco de Gama.

1499 Amérique, côtes orientales, par Ojéda accompagné d'Améric Vespuce (1).

1500 Rivière des Amazones, par Vincent Pinçon.

1500 Le Brésil, par Alvarès Cabral, Portugais.

1500 Terre-Neuve, par Cortereal, Portugais.

1502 Ile Sainte-Hélène, par Jean de Nova, Portugais.

1506 Ile de Ceylan, par Laurent Almeyda.

1506 Madagascar, par Tristan de Cunha.

1508 Sumatra, par Siqueyra, Portugais.

1508 Malacca, par le même.

1511 Iles de la Sonde, par Abreu, Portugais.

1511 Moluques, par Abreu, Serrano.

1512 La Floride, par Ponce de Léon, Espagnol.

1513 La mer du Sud, par Nugnez Balboa.

1515 Le Pérou, Perez de la Rua.

1516 Rio Janeiro, par Dias de Solis.

1516 Rio de la Plata, par le même.

1517 Le Chili, par Fernand d'Andrada, Portugais.

1518 Mexique, par Fernand Cortez.

1519 Fernand Cortès en fait la conquête.

1520 Terre de Feu, par Magellan.

---

(1) Cette date est contestée et portée par quelques auteurs à 1497.

1521 Les îles de Ladrones, par le même.
1521 Les Philippines, par le même.
1523 et 1524 Amérique septentrionale, par Jean Verazani.
1524 Pérou; Pizarre en fait la conquête.
1527 Bermude, par Jean Bermudez, Espagnol.
1528 La Nouvelle-Guinée, par André Vidaneta, Espagnol.
1534 Côtes voisines d'Acapulco, par ordre de Cortès.
1534 et 1535 Le Canada, par Jacques Cartier, Français.
1535 La Californie, par Cortès.
1536 et 1537 Le Chili, par Diego de Almagro.
1541 Acadie; Roberval, Français, s'établit à l'île Royale.
1541 Camboje, par Antonio Faria y Sousa, Fernand Mindez Pinto.
1541 Les îles Likeio, par les mêmes.
1541 Heinam, par les mêmes.
1542 Japon; Diego Jamoto et Christophe Borello, à l'ouest; Fernand Mindez Pinto, à l'est, au Bungo.
1542 Cap Mendocino, à la Californie, par Ruis Cabrillo.
1543 Le Mississipi, par Moscoso Alvarado.
1556 Le détroit de Waigats, par Steven Borrough.
1567 Iles Salomon, par Mendana.
1576 Détroit de Frobisher, par sir Martin Frobisher.

1579 ou 1590 Voyage de Drake.
1587 Détroit de Davis, par John Davis.
1589 Côtes du Chili dans la mer du Sud, par Pedro Sarmiento.
1594 Iles Malouines ou Falkland, par Hawkins.
1595 Marquises de Mendoça par Mandana.
1595 Santa-Cruz, par le même.
1596 Voyage de Barentz à la Nouvelle-Zemble.
1606 Terres de Saint-Esprit de Quiros, Cyclades de Bougainville, nouvelles Hébrides de Cook.
1607 Baie de Chesapeak, par John Smith.
1608 Québec, fondée par Samuel Champlain.
1610 Détroit de Hudson, par Henri Hudson.
1616 Baie de Baffin.
1616 Cap Horn, par Jacob Lemaire.
1642 Terre de Diemen, par Abel Tasman.
1642 Nouvelle Zélande, par le même.
1643 Iles des Amis, par le même.
1643 Iles des Etats, au nord du Japon, par de Uries.
1704 Nouvelle-Bretagne, par Dampier.
1728 Le détroit de Béhring.
1767 Taïti, Wallis.
1768 Archipel des Navigateurs, par Bougainville.
1768 Archipel de la Louisiane, par le même.
1772 Terre de Kerguelen ou de Désolation.
1774 La Nouvelle-Calédonie, par Cook.
1778 Iles Sandwich, par le même.

Hauteur de différentes villes au-dessus du niveau de la mer.

		Pieds français.
Deba, ville (Asie)		14,924
Tacora, village (Amérique méridion.)		13,332
Potosi, ville	idem	12,822
Calamarca, ville	idem	12,747
Pambamarea, ville	idem	12,636
Métairie d'Antisana	idem	12,623
Pano, ville	idem	12,036
Bekhur, forteresse (Himal)		11,900
Micuipampan, fort	idem	11,137
Nako, ville	idem	11,080
Shipkee, ville	idem	10,450
Scalcar, forteresse (Asie)		9,780
Tapissa, ville (Amérique méridionale)		9,585
Quito, ville	idem	8,952
Caxamarca	idem	8,800
La Plata	idem	8,750
Santa Féidi Bogota	idem	8,190
Gondar, ville (Abyssinie)		7,920
Antonio de Lulubramba, village sous l'équateur		7,650
Arequipa, ville (Pérou)		7,318
Mexico, ville (Amérique centrale)		7,062
Beidara, ville (Asie)		7,000
Erzerum (Asie-Mineure)		6,700
Le plus haut châlet suisse		6,700
Quaxuato, ville (Mexique)		6,415

	Pieds français.
Durango, ville idem	6,400
Hospice Saint-Gothard (Alpes)......	6,388
Saint-Verran, le plus haut village d'Europe	6,260
Loxa, ville (Amérique méridionale). .	6,000
Guernavaco, ville idem	5,100
Heas, village (Espagne)...........	4,550
Hospital, village (Suisse)...........	4,542
Loueche, bains idem	4,420
Gavarnia, village (Espagne).........	4,415
Parpan, village (Suisse)............	4,375
Heiligenblut. idem	4,207
Ispahan (Perse)..................	4,128
Briançon, forteresse (Alpes)........	4,000
Barrèges, bains (Pyrénées).........	3,972
Steinach (Tyrol).................	3,920
Formazzo, village (Italie)..........	3,900
La Granja, château royal (Espagne).	3,850
Tehejan, ville (Perse).............	3,762
Courmayeur, ville (Suisse).........	3,750
Château Saint-Ildefonse (Espagne)..	3,555
Barcelonette (Alpes Dauph.)........	3,500
Convento di Varina (Italie)........	3,411
Chilpansingo, ville (Amérique).....	3 332
L'Escurial, château royal (Espagne).	3,300
La Chaux-de-Fonds (Jura).........	3,075
Val Ombroso (Italie)..............	3,063
Carthago, ville (Nouvelle-Grenade).	2,964
Burgos, ville (Espagne)............	2,906

	Pieds français.
Radicofani, ville (Italie)...........	2,809
Bochsa, village (Carpath)..........	2,840
Bonetto, ville (Espagne)...........	2,832
Gartein, bains (Tyrol).............	2,795
Hohenzollern, château.............	2,610
Nantua, ville (France).............	2,573
Pontarlier idem	2,516
Fuessen, ville (Bavière)...........	2,455
Granada, ville (Espagne)..........	2,314
Aquila, ville (Italie)..............	2,270
Judenburg, ville (Styrie)..........	2,268
Pfefferbad (Suisse)................	2,110
Rhodez, ville (France).............	2,100
Saint-Gall, ville (Suisse)...........	2,088
Kempten, ville (Bavière)...........	2,064
Roeras, ville (Norwège)...........	2,045
Tordesilas, ville (Espagne).........	2,004
Brixen, ville (Tyrol)..............	1,904
Memmingen, ville (Bavière).......	1,884
Madrid, ville....................	1,872
Aosta, ville (Italie)..............	1,818
Coire, ville (Suisse)...............	1,800
Insprück (Tyrol).................	1,742
Berne (Suisse)....................	1,709
Gex (France)....................	1,680
Vittoria, ville (Espagne)...........	1,662
Kongsberg (Norwège).............	1,577
Aranjucz (Espagne)..............	1,570
Munich, (Bavière)..	1,569

	Pieds français.
Lausanne (Suisse)................	1,561
Griesbach, bains (grand-duché de Bade)........................	1,487
Augsbourg (Bavière).............	1,464
Miranda de Ebro (Espagne).........	1,416
Saltzbourg (Autriche).............	1,414
Langres, ville (France)............	1,344
Grætz, ville (Autriche)............	1,320
Belluno, ville (Italie)..............	1,282
Clermont (France)................	1,268
Laibach (Autriche)................	1,205
Viterbo (Italie)....................	1,239
Tubingen (Wurtemberg)..........	1,230
Carlsbad (Bohême)................	1,200
Porentruy (France)...............	1,188
Budweiss (Bohême)...............	1,152
Sienna (Italie)....................	1,066
Prague (Bohême).................	943
Fulda (électorat de Hesse)..........	838
Kauta-Kain (Laponie)..............	780
Tarragona (Espagne)..............	750
Turin (Italie)......................	708
Trente (Tyrol)....................	706
Dijon (France)....................	666
Wurzburg (Bavière)...............	659
Toulouse (France)................	548
Kasan (Russie)...................	480

Hauteur des principales cataractes et cascades.

	Pieds français.
Cataracte de Gavarnie (Pyrénées)......	1,266
Cataracte de Staubach (Suisse).........	900
Le Riucan Fossen (Norwège)..........	800
Cataracte Seculejo (Pyrénées)..........	800
Idem de Luléa (Suède)............	600
Le Saut du Tuquendama (Colombie).....	539
Cataracte de Missouri (Aménique septenl.)	384
Idem du Ris Vanagre (Colombie)...	369
Idem de Grey (Ecosse).............	350
Le Pisse-Vache (Suisse)................	300
Cataracte de la Marmora à Terni (Italie).	270
Idem de Montmorency (Canada)....	249
Idem de Reichenbach (Suisse supér.)..	200
Saut du Niagara (Canada)..............	163
Cataracte du Kakabika (Amérique sept).	122
Chute du Rhin à Lauffen (Suisse)......	60
Cataracte de l'Ogapock (Guinée).......	80
Grande cascade de Tivoli (Italie).......	50
Cataracte de l'Oronoco (Amérique sept.).	30
Cascade du Mississipi, à Saint-Antoine (Amérique septentrionale)...........	10
Cascade du Sénégal, à Fenou (Afrique)..	6
Dernière cataracte du Nil (Afrique).....	5

TABLE ALPHABÉTIQUE

Des pays, villes, mers, lacs, fleuves, etc., mentionnés dans le deuxième volume de cet ouvrage.

A

D.

H.

I.

M.

N.

O.

P.

T.

U.

V.

BIBLIOTHEQUE ROYALE

www.ingramcontent.com/pod-product-compliance
Ingram Content Group UK Ltd.
Pitfield, Milton Keynes, MK11 3LW, UK
UKHW020316230726
13925UKWH00002B/459